Edelsteine & Mineralie

Sammeln, kennen lernen, bestimmen

Chris Pellant

Edelsteine & Mineralien

Sammeln, kennen lernen, bestimmen

Bechtermünz

Titel der Originalausgabe
Collecting Gems & Minerals

Ein Quantum Buch

Deutsche Erstausgabe

Lektorat: Rebecca Moy, John Farndon,
Gilly Cameron Cooper
Layout und Design: Moira Clinch, Vicky James,
Penny Cobb
Künstlerische Beratung: Elizabeth Healey
Fotografie: Chas Wilder
Illustrationen: Kevin Maddison, Ann Tout, Steve Tse
Bildredaktion: Miriam Hyman, Steven Lai
Koordination und Bearbeitung der deutschen Ausgabe:
Neumann & Nürnberger, Leipzig
Übertragung ins Deutsche: Franka Reinhart, Bismark
Umschlaggestaltung: Gestaltungsbüro Lehmacher,
Friedberg (Bayern)
Gesamtherstellung: Winner Printing and Packaging Ltd.,
Hong Kong

Printed in China

ISBN 3-8289-1631-7

INHALT

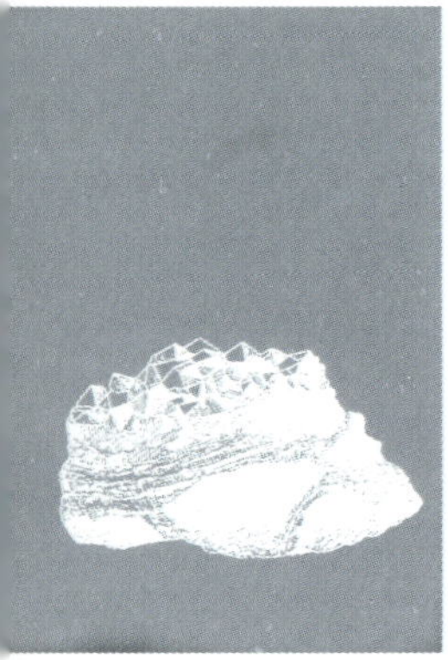

Edelsteine und Mineralien – eine Einführung

Edelsteine besitzen durch ihr Funkeln, ihre Farbe und ihre Seltenheit seit jeher eine solche magische Anziehungskraft, dass sie seit Jahrtausenden höchst begehrt sind. Königreiche setzte man ihretwegen aufs Spiel, Menschen wurden zu Mördern und mancher verdiente mit ihnen ein Vermögen. Auch Heilkräfte werden ihnen zugeschrieben. Einige gehen sogar so weit zu glauben, dass Edelsteine und Mineralien übernatürliche Kräfte in sich bergen.

Das Sammeln von Mineralien

Jaspis

Jaspis ist eine Abart des Chalcedon und wird wegen seiner brillanten Farbe geschätzt. Im Alten Testament findet er als Halbedelstein Erwähnung.

Die meisten Edelsteine werden in Minen abgebaut, die sich in Gesteinsregionen befinden, die als Lagerstätten bekannt sind. Man müsste schon großes Glück haben, wollte man durch Zufall auf einen Diamanten, Rubin oder auf einen anderen wertvollen Edelstein stoßen. Dennoch gibt es mehr als genug weniger wertvolle und trotzdem wunderschön anzuschauende Edelsteine und Mineralkris-

talle, so dass das Sammeln ein fesselndes und dankbares Hobby ist. Dabei spielt es keine Rolle, ob man seine Sammlung aufbaut, indem man an professionellen Edelstein-Expeditionen teilnimmt, beim Strandspaziergang Kieselsteine aufliest oder einfach in Edelsteingeschäften stöbert.

Was sind Mineralien?

Mineralien sind natürlich vorkommende Stoffe, aus denen sämtliche Gesteine und Kiesel der Erdkruste bestehen. Auch wenn viele künstlich erzeugte Substanzen ihnen sehr ähneln, sind alle Mineralien durch natürliche Prozesse entstanden. Einige Mineralien sind wasserlöslich. Als Mineralien bezeichnet man sie jedoch nur in festem Zustand. Die meisten Mineralien besitzen Kristallform und bilden jeweils eine charakteristische geometrische Gestalt. Jedes Mineral weist eine bestimmte chemische Zusammensetzung auf. Einige wenige, wie zum Beispiel Gold und Schwefel, sind reine, so genannte „gediegene" Elemente. Die meisten von sind jedoch chemische Verbindungen, also Kombinationen aus mehreren Elementen. Die meisten Mineralien bestehen im Wesentlichen aus Silizium und Sauerstoff. Die daraus entstehende Verbindung nennt man Siliziumdioxid, weshalb diese Mineralien auch gelegentlich als Silikate bezeichnet werden. Andere Mineralklassen sind Sulfide, Halogenide und Oxide. Die spezifische chemische Zusammensetzung einer Mineralart ist dafür verantwortlich, dass sie immer die gleiche Form annimmt. Daher kommt es, dass Quarz, ein bekanntes Oxidmineral, immer in der gleichen Form vorkommt; egal ob in Granit, Sandstein oder als Sand am Strand. Lediglich die Farbe von Mineralien variiert häufig, da sie Spuren anderer Chemikalien oder Mineralien enthalten.

Was sind Edelsteine?

Die meisten Mineralien besitzen eine trübe Farbe und die Kristallkörnchen sind meist sehr klein. Einige wenige weisen jedoch eine leuchtende Farbe auf und bilden große, eindrucksvolle Kristalle bzw. sind unter bestimmten Bedingungen dazu in der Lage. Edelsteine sind Mineralkristalle mit besonders attraktiver Farbe oder Brillanz, die hart genug sind, um geschliffen und poliert zu werden. Es gibt mehr als 3000 verschiedene Arten von Mineralien, doch nur ca. 130 davon sind Edelsteine. Von diesen wiederum werden allerdings nur ungefähr 50 verwendet. Dazu gehören unter anderem alle im Bestimmungsteil des vorliegenden Buches aufgeführten Arten. Die seltensten und schönsten Mineralkristallarten bezeichnet man als Edelsteine, häufiger vorkommende nennt man Halbedelsteine. Dabei ist es manchmal auch eine Frage der Mode, wie wertvoll oder kostbar ein Edelstein ist. Diamant, Smaragd, Rubin und Saphir weiß man allerdings schon seit dem Mittelalter zu schätzen, und die größten Exemplare sind mehr wert als ein nagelneuer Ferrari. Topas, Granat und Aquamarin erlebten im Laufe der Zeiten zum Beispiel

Geschliffene Edelsteine

Edelsteine sind Mineralkristalle, die man wegen ihrer Schönheit, Beständigkeit und Seltenheit schätzt. Durch Schleifen und Polieren lassen sich wundervolle Schmuckstücke daraus herstellen.

Weiße Jadevase

Die Chinesen glaubten im Altertum, Jade besäße lebensspendende Kräfte. Deshalb verwendeten sie diesen Stein häufig für Grabbeigaben, um die Körper der Toten zu erhalten. Da Jade sehr leicht zu bearbeiten ist, wurde er so beliebt, dass man daraus auch Ziergegenstände für den häuslichen Bereich herzustellen begann. Diese weiße Jadevase stammt aus der Ming-Dynastie im 16. Jahrhundert.

ein ständiges Auf und Ab. Normalerweise sind es die größten Steine, die die höchsten Preise erzielen. Im Altertum wurde das Gewicht von Edelsteinen anhand der Samen des Johannisbrotbaumes (lateinisch: *Ceratonia siliqua*) bestimmt, da diese Samen ein bemerkenswert konstantes Gewicht aufweisen. Später wurde das Gewicht der Samen, auch als „Karat" bezeichnet, als Maßeinheit standardisiert. Nach wie vor ist es üblich, das Gewicht von Edelsteinen in Karat anzugeben. Ein Karat entspricht ⅕ Gramm. Ein 50-karätiger Saphir ist beispielsweise enorm groß und ein wahres Vermögen wert. Dennoch hängt der Wert eines rohen, d. h. ungeschliffenen Edelsteines, nicht allein von seinem Gewicht ab, sondern ebenso von seiner Farbe, Reinheit und Schleifwürdigkeit.

Das Schleifen von Edelsteinen

Selbst die schönsten Rohedelsteine weisen kleine Oberflächenfehler auf. Um sie zum Glänzen und Funkeln zu bringen, müssen sie geschliffen und poliert werden. Die Kunst des Edelsteinschleifens ist ein uraltes Handwerk, das viel Geschick erfordert. Die einfachste Art einen Edelstein zu schleifen, ist die Perlenform oder der Cabochonschliff (gerundetes, kuppelförmiges Oberteil und flache Unterseite). Auf diese Weise werden viele Edelsteine ohne erkennbare Kristallform, wie zum Beispiel Bernstein, bearbeitet.

Üblicherweise werden Edelsteine jedoch so geschliffen, dass eine bestimmte Anzahl von Flächen oder Facetten entsteht. Dabei gibt es für verschiedene Steine verschiedene Schleifformen. Für Diamanten und andere farblose Steine wird gern der runde oder ovale „Brillantschliff" verwendet. Dabei entstehen 57 oder 58 dreieckige Facetten, die das Licht durch den Stein maximal reflektieren und ihm dadurch ‚Feuer' verleihen. Für farbige Steine, wie zum Beispiel den Smaragd, eignet sich der „Treppenschliff", um die reichen Farbnuancen besonders zur Geltung zu bringen. Bei Rubin, Saphir und anderen transparent-farbigen Steinen findet der gemischte Schliff Anwendung, der dreieckige Facetten an der Oberseite mit quadratischen Flächen wie beim Treppenschliff an der Unterseite verbindet.

Auf „Schatzsuche"

Die frühesten Sammler gingen vermutlich nur mit einem Stock, einem Korb und scharfen Augen ausgerüstet auf die Suche nach Edelsteinen. In der Mogok-Region in Burma fand man Weidenkörbe, die dazu dienten, im Flusskies nach Rubinen zu schürfen. Aber auch Edelsteinminen sind aus frühester Zeit bekannt, so beispielsweise im Ural und an der Mittelmeerküste. Die Lapislazuli-Minen Sar-e-Sang in Afghanistan sind 6000 Jahre alt und versorgten schon die Pharaonen des alten Ägypten mit diesen wunderschönen blauen Steinen. Heute werden die wertvollsten Edelsteine in riesigen Minen und Steinbrüchen, wie den Diamantminen in Südafrika, abgebaut. Die Entdeckung von Diamanten im Geschiebe des Oranje-Flusstales 1867 in Südafrika führte zur Entstehung der weltgrößten Diamantminen-Industrie. Nach dem Fund kamen Diamantsucher in das Kimberley-Gebiet und entdeckten unbekanntes Vulkangestein, das reich an Diamanten war. Seitdem wurde die Kimberley-Mine bis in eine Tiefe von 300 m getrieben und auf ca. 1000 m wurden bereits Diamanten abgebaut. Diamantschlote vulkanischen Ursprungs wurden inzwischen auch in Indien, China, Sibirien und anderen Teilen Afrikas entdeckt. Die meisten Diamanten werden im Westen Australiens abgebaut und kommen dort in ähnlichem Vulkangestein vor.

Gebänderter Achat
Dieser Achat besteht aus konzentrischen Bändern des Minerals Chalzedon. Diese kommen besonders deutlich zum Vorschein, wenn der Stein in Platten geschnitten und poliert wird.

Künstliche Edelsteine

Man kann sowohl synthetisch erzeugte Kristalle und Schmuckstein-Imitate, als auch echte Edelsteine und Mineralien sammeln. Schmuckstein-Imitate werden häufig aus farbigem Glas hergestellt und können durchaus attraktiv aussehen. Allerdings sind sie wesentlich weicher als Edelsteine und lassen sich mit Quarz leicht ritzen. Seit Hunderten von Jahren haben Alchemisten versucht Gold herzustellen, was ihnen jedoch nie gelungen ist. Doch eine Vielzahl von Edelsteinen lässt sich heute künstlich erzeugen, so zum Beispiel Diamanten, Rubine, Saphire und Smaragde. Auch der in Uhren und anderen elektronischen Geräten verwendete Quarz ist synthetisch hergestellt.

Künstlich hergestelltes Bismut
bildet stufenförmige Kristalle, die man als „sargdeckelförmig“ bezeichnet.

Schätze, die die Erdkruste in sich birgt

Mineralien sind Naturstoffe, aus denen die Gesteine der Erdkruste bestehen. An einigen Stellen besitzen Mineralien die Form wunderschöner Kristalle und Edelsteine. Manche sind fast so alt wie die Erde selbst, andere entstehen auch heute noch. Viele Kristalle werden gebildet, wenn Magma (Gesteinsschmelze) aus dem heißen Erdinneren nach oben in die Erdkruste gelangt oder sich infolge von Eruptionen als Lava aus Vulkanen ergießt. Anschließend kühlt es ab und erstarrt. Große Kristalle können dort entstehen, wo Magma unterirdisch langsam abkühlt oder wo sich Kammern von chemikalienreichem Wasser oder Gas befinden. Außerdem können große Kristalle entstehen, wenn Wasser mit einem hohen Gehalt an gelösten Chemikalien durch Gesteinsschmelze erhitzt wird, anschließend durch Gesteinsspalten aufsteigt und als Mineralgang aushärtet. Einige Mineralien werden in Sedimenten gebildet, in denen sich Hohlräume mit chemisch angereichertem Gas oder Wasser befinden. Manche Kristalle entstehen, wenn der durch die langsame Bewegung der Erdkruste entstehende Druck Gestein zum Schmelzen bringt. Werden Gesteine durch Verwitterung im Laufe von Jahrmillionen zerstört, können auf diese Weise darin eingeschlossene Kristalle in Flüsse gespült werden, wo sie sich dann im Flussbett ablagern. Einige der attraktivsten „Edelsteine“ sind jedoch keineswegs Mineralien, sondern von lebenden Pflanzen und Tieren gebildete Substanzen, die zu Stein geworden sind. Manche dieser organischen „Edelsteine“, wie zum Beispiel Perlen, entstehen im Meer. Gagat (auch als Jett bezeichnet) und Bernstein sind die fossilen Überreste von Bäumen, die vor sehr langer Zeit wuchsen.

Die Erdkruste

Die Kruste und die Oberfläche der Erde mit einer Übersicht wo Mineralien entstehen und vorkommen. Die fett gesetzten Bezeichnungen von Mineralien beziehen sich auf die Abbildungen.

❶ Meeresboden & untermeerische (submarine) Vulkane **Olivin.**

❷ Flussbett **Rubin, Saphir** und Spinell.

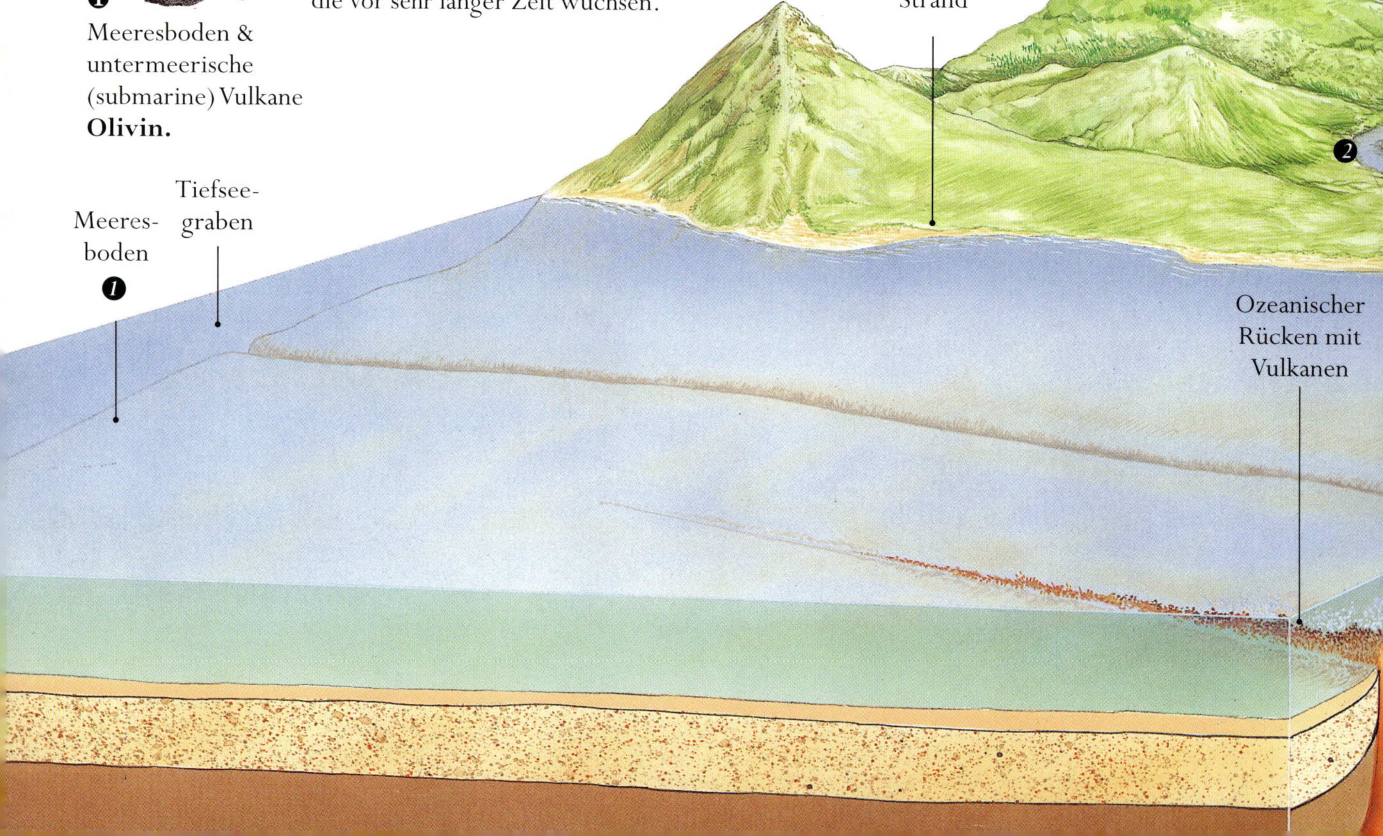

❸ Oberer Mantel und untere Kruste **Peridotitgestein** enthält Olivin und Granat.

❹ Stark gefaltetes metamorphes Gestein Granat und Kyanit.

❺ Magma Quarz, **Glimmer-Amazonenstein**, Beryll, Smaragd und Turmalin.

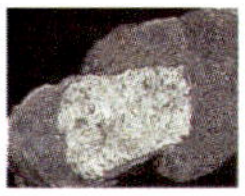

❻ Lava **Olivin** und Augit.

❼ Mineralgänge **Quarz**, Fluorit, Galenit, Chalkopyrit (Kupferkies), Dolomit.

❽ Thermalquellen **Opal**.

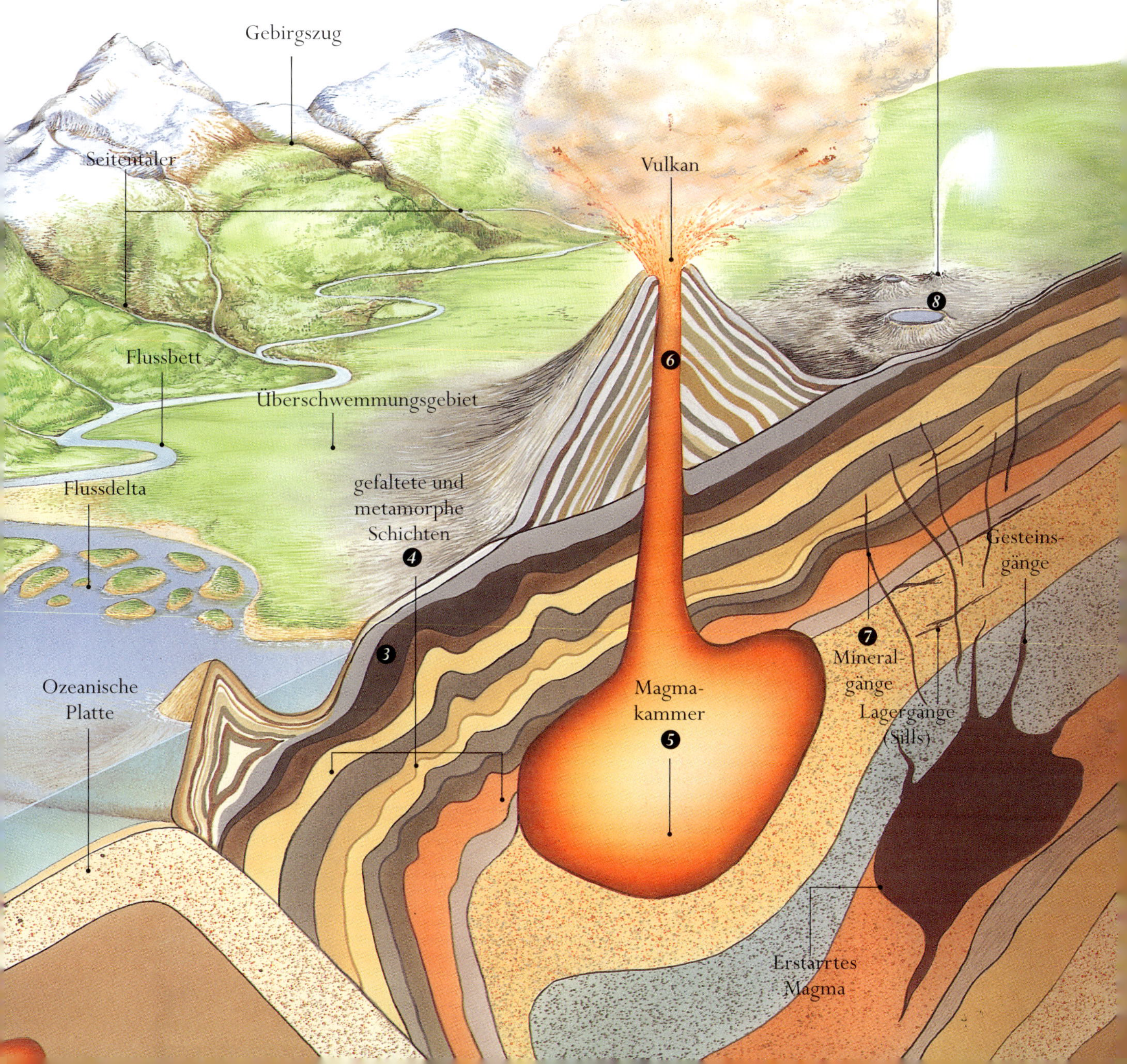

Die Entstehung von Edelsteinen und Mineralien

Es gibt drei grundlegende Gesteinsarten. Edelsteine und Mineralien werden in allen drei Arten gebildet. Wenn Sie lernen, die verschiedenen Gesteinsarten zu erkennen, in welchen Landschaften sie vorkommen und wie in ihnen Edelsteine und Mineralien entstehen, dann wird Ihnen dieses Wissen helfen, in der richtigen Gegend nach ihnen zu suchen.

Erstarrungs- oder Ergussgesteine

Erstarrungsgestein entsteht aus Gesteinsmaterial, das durch die Erdkruste an die Oberfläche gelangt ist. Es stammt aus dem Erdmantel, wo es so heiß ist, dass das Gestein dickflüssig wird wie Sirup. Durch enormen Druck wird diese als Magma bezeichnete Gesteinsschmelze hinauf in die Erdkruste befördert, wo sie abkühlt und sich zu Erstarrungsgestein verfestigt. Während des Erstarrens werden im Inneren des Gesteins allmählich Mineralkristalle gebildet. Erstarrungsgestein ist in der Regel leicht zu bestimmen, da es ausschließlich aus verzahnten Kristallen oder Körnern besteht. Meist ist es sehr hart und enthält keine Fossilien.

Magma besteht hauptsächlich aus geschmolzenem Siliziumdioxid (Silizium und Sauerstoff), daher sind die meisten Mineralkristalle Silikate. Aber auch zahlreiche weitere Chemikalien sind darin enthalten, wie zum Beispiel Aluminium, Eisen, Kalzium, Natrium und Kalium. Erstarrungsgestein enthält eine breite Palette an Mineralien. Welche Arten gebildet werden, hängt von dem im Magma enthaltenen Chemikaliengemisch sowie der Art und Weise der Kristallisation ab.

Manchmal steigt Magma in die Kruste auf und kühlt noch unter der Erdoberfläche ab. Dabei entstehen so genannte „intrusive“ Erstarrungsgesteine. Riesige Granitmassen, die sich tief unter Gebirgen wie den Rocky Mountains befinden, werden auf diese Weise gebildet. Ebenso verhält es sich mit den schmalen Bändern, die man als Lagergänge bezeichnet. Diese sickern in bestehende Strukturen und Gesteinsgänge, sobald sie auf solche treffen. Zu diesen Gesteinen gehören vor allem Quarz, Feldspat und Glimmer; sie können aber auch feine Beryll- und Turmalinkristalle enthalten.

Magma, das durch die Eruptionen eines Vulkans an die Erdoberfläche gelangt, bezeichnet man als Lava. Sie kühlt rasch ab und bildet dabei ‚extrusive' Erstarrungsgesteine – das geht so schnell, dass entstehende Kristalle nicht an Größe zunehmen können und lediglich unter dem Mikroskop sichtbar sind. Das am weitesten verbreitete Lavagestein ist Basalt. Basalt besteht hauptsächlich aus Feldspat und Pyroxen. Während einer Eruption enthält es außerdem Gas, wodurch eine blasenreiche bis schaumige Konsistenz entsteht. Wenn die Gesteinsmasse fest wird, bleiben durch die Blasen Hohlräume zurück. Dadurch erhält

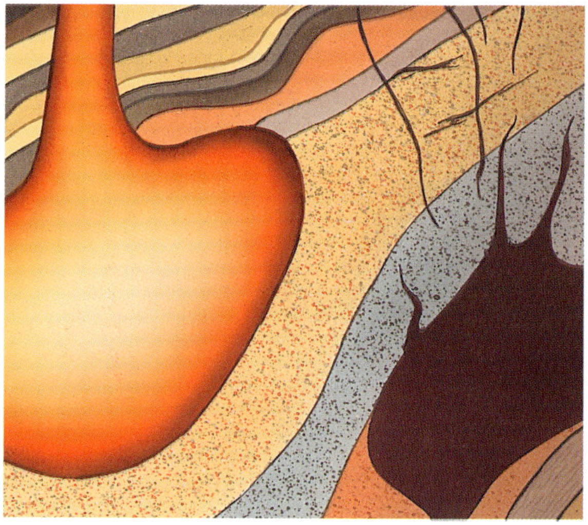

Erstarrungsgestein

Vulkanisches oder Erstarrungsgestein entsteht aus Gesteinsschmelze (Magma), die an die Erdoberfläche gelangt. Hohlräume und Gesteinsgänge sind vielversprechende Fundorte für Edelsteine.

Sedimentgesteine
Die meisten Sedimentgesteine entstehen aus Bruchstücken verwitterter Gesteine, die durch Flüsse ins Meer befördert werden. In Flussbettablagerungen findet man häufig Edelsteine.

Der Grand Canyon
Die im Laufe von Jahrmillionen gebildeten Sedimentschichten sind in den Felswänden des Grand Canyon deutlich sichtbar.

das Gestein eine schlackeartige Konsistenz. Jahrmillionen später entstehen in diesen Hohlräumen Edelsteine wie Achat und Amethyst in Form von Geoden, so genannten „Thunder Eggs".

Sedimentgesteine

Viele Sedimentgesteine wurden aus den abgetragenen Bestandteilen anderer Gesteine gebildet. Bruchstücke werden von Flüssen ins Meer getragen, wo sie sich am Meeresboden ablagern. Im Verlaufe von Jahrmillionen verfestigen sich Schichten von weichem Schlamm und Sand allmählich zu hartem Gestein. Sedimentgesteine weisen immer eine Schichtstruktur auf. Außerdem besitzen sie im Vergleich zu Erstarrungsgesteinen eine stärker pulverige Struktur, und selbst wenn sie große Körner oder Kiesel enthalten, sind diese in eine pulverige Grundmasse eingebettet.

Die „Reise" ins Meer überstehen nur Gesteinsfragmente sehr harter Mineralien, wie beispielsweise Quarz. Aus diesem Grund besteht der Sand auf dem Meeresboden und am Strand sowie Sandstein fast ausschließlich aus Quarzkörnern. Werden Kiesel miteinander verkittet, entsteht ein Gestein, das man als Konglomerat bezeichnet. Diese sind erfolgversprechende Fundorte für Mineralien und Edelsteine. Harte Achate, Spinelle und mit ein wenig Glück sogar Rubine lassen sich hier finden. Bei der Ablagerung auf dem Meeresboden schließen manche Sedimente die Überreste von Meerestieren ein. Aus diesen Überresten entstehen ebenfalls Gesteine. Kalkstein weist einen hohen Calcitgehalt auf, da er hauptsächlich aus Muscheln und Korallen besteht.

Kalkstein-Tal
Grauer Kalkstein ist ein Sedimentgestein, das im Wesentlichen aus Muscheln besteht und daher einen hohen Gehalt des Minerals Calcit (Kalkspat) aufweist.

Metamorphe Gesteine

Metamorphe Gesteine sind Gesteine, die tief in der Erdkruste durch Einwirkung von Hitze und Druck vollständig verändert (metamorphosiert) werden. Kristalle werden durch die Hitze und den Druck umgeformt, wodurch ein Gestein entsteht, das mit winzigen, glitzernden Kristallen übersät ist oder Streifen von gewundenen Bändern verschiedener Mineralien aufweist.

Manchmal findet die Metamorphose in riesigen Dimensionen statt, wenn Berge durch die gigantischen Bewegungen der Erdkruste angehoben werden. Diesen Vorgang bezeichnet man als Regionalmetamorphose. Dabei werden durch die enorme Hitze und den riesigen Druck selbst Schlamm und Lehm in kristallines Gestein verwandelt. Aus Granit kann auf diese Weise Gneis entstehen und aus Ton wird Tonschiefer. In Gneis kommen häufig Kristalle von Mineralien wie Quarz und Glimmer vor, und Tonschiefer weist gelegentlich kleine Pyrit-Würfel auf, die in der Oberfläche stecken. Ein anderes durch Regionalmetamorphose entstandenes Gestein ist kristalliner Schiefer. Es ist bekannt dafür, schöne Granat- und Kyanit-Kristalle in sich zu bergen. Diese Gesteine und Mineralien findet man in hügeligen oder bergigen Gegenden bzw. in Regionen, die vor langer Zeit bergig waren.

Metamorphose tritt gelegentlich auch auf, wenn Gesteine durch die direkte Hitzeeinwirkung von heißem Magma verändert werden. Diesen Prozess bezeichnet man als Kontaktmetamorphose. Dabei wird Sandstein in Metaquarzit verwandelt und Kalkstein in Marmor, einen wunderbaren Stein, der von Bildhauern hoch geschätzt wird. Ab und zu werden dabei Edelsteine, zum Beispiel Rubine, gebildet.

Gneis

In Gneis kommen Mineralien wie Feldspat, Glimmer, Quarz und Hornblende vor. Dieser Gneis wurde gefaltet, als er sich tief im Erdinneren durch die Einwirkung von Hitze und Druck in einem verformbaren Zustand befand.

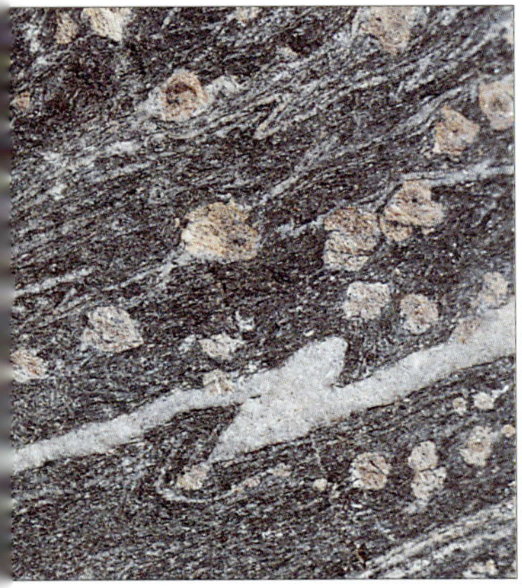

Schiefer mit Granat

Die Granate, die sich in diesem Schiefer befinden, gehören zu einer sehr feinen Wellenstruktur, die nicht viel breiter ist als der Querschnitt eines Haares.

Aus einem Gesteinsgang

Diese Probe wurde aus einem Gesteinsgang entnommen und zeigt braunen Dolomit zusammen mit grauem Quarz.

Mineralgänge

Für die Suche nach Mineralien, vor allem solchen mit schön geformten Kristallen, sind Mineralgänge die Erfolg versprechendsten Fundorte. Mineralgänge sind Risse in der Erdkruste, in denen Flüssigkeiten aufgestiegen sind. In diesen heißen Flüssigkeiten sind Chemikalien gelöst, aus denen Mineralien gebildet werden. Die gelösten Chemikalien können zurückgebliebene Reste von Magma sein, oder sie stammen aus nassen Sedimenten in tieferen Bereichen der Kruste. Sobald die Flüssigkeiten aufsteigen, kühlen sie ab und Minerale entstehen. Manche Mineralgänge enthalten Blei, Kupfer, Eisen und andere wertvolle Rohstoffe, die abgebaut werden können. Dort, wo sich solche Mineralgänge befinden, entstehen häufig große Minen. Die Risse in der Erdkruste sind oftmals Verwerfungslinien, wo die Kruste in Bewegung geraten und gebrochen ist. Entlang solcher Verwerfungen findet man zum Teil aufgehäufte Gesteinsbrocken. Unter diesen Bruchstücken befinden sich häufig Mineralien. Ein Mineralgang wird oftmals als blasse Quarzlinie sichtbar, die sich durch Gesteine zieht.

In einem einzigen Mineralgang kommen oft viele verschiedene Mineralien vor: vom Gemeinen Quarz und Calcit über Halbedelsteine wie Beryll und Amethyst bis hin zu Edelsteinen wie Smaragd.

Fluorit (Flussspat)
Ein geschliffenes und poliertes Exemplar aus einem Mineralgang. Es zeigt grünen und violetten Fluorit mit einer Deckschicht aus Pyrit.

Metamorphe Gesteine
entstehen weit unterhalb von Gebirgszügen, wo Gesteine durch die Bewegung von Kontinentalplatten großer Hitze und enormem Druck ausgesetzt sind.

Der Aufbau einer Sammlung

Mineralien kann man sogar in der Großstadt finden. Wenn Sie lernen, Mineralien an Gebäuden zu erkennen, ist das eine gute Übung für die Bestimmung von Mineralien in der Natur. Ebenfalls hilfreich ist der Besuch von Museen, die über eine Edelstein- und Mineraliensammlung verfügen. Und schließlich kann man Mineralien im Schmuckhandel auch kaufen. Aber die beste Methode Mineralien kennen zu lernen und zu sammeln ist immer noch ein Ausflug ins Gelände, um sie in ihrem natürlichen Umfeld zu beobachten.

Exkursionen

Bevor Sie zu einer Exkursion aufbrechen, sollten Sie zunächst einige Informationen über die Region einholen. Besuchen Sie einschlägige Museen oder konsultieren Sie entsprechende Vereine bzw. Hochschul-Fachbereiche, um sich über die örtlichen geologische Gegebenheiten zu informieren. Sprechen Sie mit dem Museumsleiter, mit einem Juwelier im Ort und mit Geologen – bringen Sie also so viel wie möglich in Erfahrung. Lesen Sie in Handbüchern, die sich mit der regionalen Geologie beschäftigen und entnehmen Sie Informationen über das Gelände aus (geologischen) Karten des Gebietes.

Denken Sie auch daran, sich vor der Exkursion über die Eigentumsverhältnisse des anvisierten Geländes zu informieren. Es gibt immer einen Besitzer, dem dann natürlich auch die Gesteine und Mineralien gehören, die sich dort befinden. Das gilt auch für Strände. Wenn Sie sich auf privates Gelände begeben, sollten Sie sich im Vorfeld unbedingt um eine Erlaubnis bemühen.

Exkursionen
Eine (öffentlich zugängliche) befestigte Abraumhalde eines alten Bergwerkes ist ein sicherer und sehr vielversprechender Fundort für Mineralien.

Sicherheit

Selbst erfahrene Geologen beherzigen bei ihren Exkursionen ins Gelände einige Grundregeln:

- Gehen Sie immer in Begleitung einer oder mehrerer Person/en, am besten eines Erwachsenen. In Gesellschaft macht es viel mehr Spaß, da man sich gegenseitig bei der Suche nach schönen Exemplaren helfen kann. Meeresküste, Flussufer und hügeliges Gelände sind manchmal recht gefährlich; wenn jemand in Schwierigkeiten gerät, können die anderen Hilfe holen.
- Verfolgen Sie den Wetterbericht und – wenn Sie sich am Strand aufhalten wollen, die Gezeitenvorhersage. Wenn Nebel, Regen oder extreme Wetterbedingungen angekündigt sind, sollten Sie Ihre Exkursion verschieben.
- Vermeiden Sie hohe oder instabile Klippen. Nehmen Sie Abstand von Bergwerksschächten, Steinbrüchen oder Bergeinschnitten; es sei denn, Sie haben eine Erlaubnis und befinden sich in Begleitung eines verantwortungsbewussten Erwachsenen.
- Informieren Sie jemanden darüber, wo Sie hinfahren und wie lange Sie dort sein werden.

Schonen Sie die Umwelt

Jeder, der sich ins Gelände begibt, sollte Rücksicht auf die Natur nehmen – Mineralien gehören ebenso dazu wie die Tier- und Pflanzenwelt. Nehmen Sie aus einem Gebiet nur einige wenige Proben mit, und fotografieren Sie die Gesteinsformationen, die Sie nicht mitnehmen können. Gehen Sie beim Abschlagen vorsichtig vor, damit Sie den Fundort nicht beschädigen. Es handelt sich nicht nur um Gestein; hier leben möglicherweise auch seltene Tier- oder Pflanzenarten.

Festes Schuhwerk

gehört unbedingt zur Ausrüstung eines Mineraliensammlers. Es ist wichtig, dass Sie sich sicher über steiniges Gelände bewegen können.

Felsklippen

Hohe, instabile Klippen wie diese sind bei der Suche nach Mineralien zu gefährlich und daher generell zu meiden.

Geologisches Kartenmaterial

Es gibt zwei Hauptarten von geologischen Karten. Die meisten stellen die geologischen Verhältnisse hinsichtlich der massiven Gesteinsformationen an der Erdoberfläche eines Gebietes dar. Diese geben Ihnen den besten Überblick, welche Mineralien Sie freiliegend an Felswänden und anderen kahlen Gesteinsaufschlüssen finden werden. Die andere Form der geologischen Karten bezeichnet man als Karten der Glazialablagerungen. Sie zeigen die Verteilung von losen Oberflächensedimenten, wie beispielsweise Gletscherschutt. Solche Karten sind hilfreich bei der Lokalisierung von alluvialen Lagerstätten (Flussablagerungen), d. h. Überreste von massivem Gestein, das durch Witterungseinflüsse im Laufe von Jahrmillionen zerstört wurde.

Wer sich ernsthaft auf eine Mineralienexpedition begeben will, sollte gut vorbereitet sein. Neben Werkzeug für das Anschlagen von Gesteinen, sind eine Kamera und ein Notizbuch zum Dokumentieren der Funde ebenso nützlich, wie ein Kompass und Kartenmaterial für die Bestimmung des Fundortes.

Edelsteine sind im Allgemeinen härter und beständiger als andere Mineralien. Es kommt vor, dass die anderen Mineralien eines Gesteins zu Sand zerfallen, die Edelsteine dagegen noch vorhanden sind. Letztere findet man daher häufig in Flussablagerungen.

Werkzeug und Ausrüstung

Steine kann man natürlich bei jeder Wanderung sammeln. Wenn Sie jedoch vorhaben, eine Sammlung von Edelsteinen und Mineralien zusammenzustellen, dann benötigen Sie einige Gegenstände als Grundausrüstung. Ein Hammer dient dazu lose Gesteinsbrocken zu zerschlagen. Für diesen Zweck ist ein kleiner Geologenhammer ideal, da dieser einen spitz zulaufenden Kopf besitzt, der wie ein Pickel geformt ist. Dadurch eignet er sich gut für das Öffnen von Spalten und Rissen. Einen solchen Hammer kann man in Schmuckfachgeschäften kaufen oder im Versandhandel bestellen. Verwenden Sie den Hammer niemals, um an steilen Klippen Mineralien zu gewinnen, und benutzen Sie ausschließlich die rechteckige Seite zum Klopfen; die spitze Seite dient zum Abkratzen von Schmutz und Gesteinsresten. Ein schmaler Stahlmeißel ist sehr praktisch für das Abstemmen von Gesteinsresten von einer Mineralprobe. Da Steine sehr hart und scharfkantig sind, sollte man sich beim Abschlagen von Proben schützen, um Verletzungen durch scharfe Steinsplitter zu vermeiden. Eine gute Schutzbrille ist daher ein absolutes Muss. Ein Schutzhelm schützt Sie vor herabfallenden Steinen. Schutzhandschuhe werden in Bau- oder Gartenmärkten angeboten. Eine Handlupe ist hilfreich für die Bestimmung der Fundstücke und zum Erkennen kleiner Kristalle, die man andernfalls übersehen würde. Optimal ist eine zehnfache Vergrößerung. Halten Sie die Lupe vor das Auge und führen Sie die Mineralprobe immer näher heran, bis sie scharf zu sehen ist. Abschließend wickeln Sie Ihre Mineralien in etwas Zeitungspapier oder Luftpolsterfolie und verstauen sie zum Transport in einem Rucksack.

Geröllhalden

Auf Geröllhalden gibt es reichlich loses Gestein. Allerdings ist es nicht ungefährlich, dort nach Mineralien zu suchen, da loses Gestein jederzeit herabfallen kann.

Gebirge

In Gebirgsregionen findet man häufig mineralienreiche Aufschlüsse.

Checkliste

- starke Schutzbrille
- Karte
- Schutzhelm
- Notizbuch und Kugelschreiber
- Handschuhe
- Geologenhammer
- Luftpolsterfolie oder Zeitungspapier
- Meißel
- Taschenmesser
- Rucksack
- Handlupe
- Kamera

Auf dieser Seite sehen Sie die Grundausrüstung, die man für die Mineraliensuche im Gelände benötigt.

Das Sammeln

Es ist immer besser, nach Mineralien in Form von kleinen Steinen Ausschau zu halten, die man lose am Strand, an Flussufern oder in einem verlassenen Steinbruch findet, statt zu versuchen, sie aus Felswänden heraus zu meißeln. Wenn Sie dennoch ein Stück ablösen wollen, denken Sie daran, eine Schutzbrille zu tragen. Umherfliegende Steinsplitter können zum Erblinden führen.

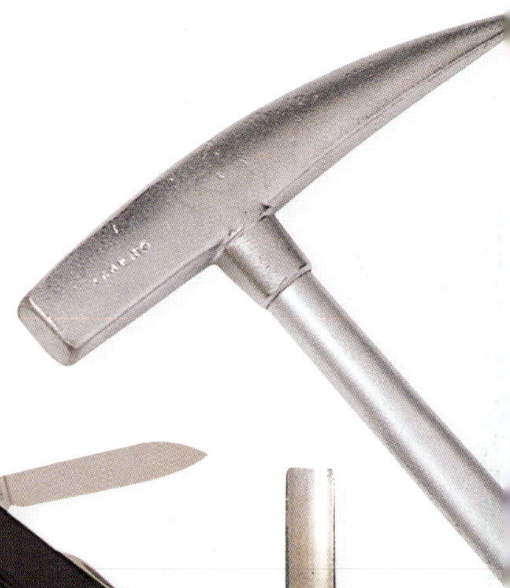

Das Waschen

Waschen war einst ein beliebtes Verfahren, um Flusssedimente nach Gold zu durchsuchen. Es eignet sich jedoch auch sehr gut für das Aussondern anderer, schwererer Mineralien. Dazu schwenkt man einfach in einer flachen Pfanne eine kleine Menge Wasser mit Flusssedimenten, wobei jedes Mal ein wenig über den Rand hinaus gespült wird. Wenn man geschickt vorgeht, wird der leichtere Sand und Schlamm nach und nach heraus gewaschen und die schwereren Bestandteile – vielleicht sogar Gold – bleiben in der Pfanne zurück.

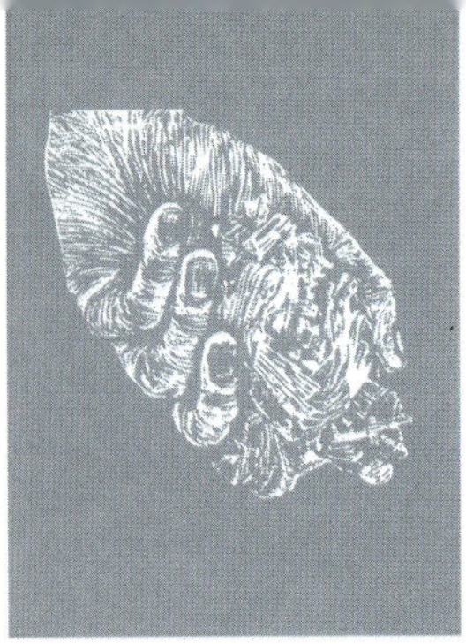

Andere Bezugsquellen

Man muss nicht unbedingt um die ganze Welt reisen oder monatelang zu Fuß das Land durchqueren, um eine schöne Sammlung zusammenzutragen. Es gibt auch viele Möglichkeiten, Mineralien und Edelsteine käuflich zu erwerben. In Touristen- und Urlaubszentren gibt es Geschäfte, die neben Souvenirs oft auch kleine Sets mit Steinen und Edelsteinen oder einzelne Steine anbieten, die typisch sind für die jeweilige Region und meist recht preiswert verkauft werden. In größeren Städten gibt es Spezialgeschäfte für Edelsteine, in denen man Mineralien sowohl roh als auch geschliffen und in großer Auswahl hinsichtlich Größe und Qualität kaufen kann. Außerdem werden fertig geschnittene Achatscheiben und in Eiform polierte Mineralien wie zum Beispiel Rosenquarz zum Kauf angeboten.

Achatscheiben

Achat wird im Edelsteinhandel recht preiswert angeboten. Er wird häufig sehr wirkungsvoll in Platten geschnitten und anschließend poliert. Viele Achatscheiben, die zum Kauf angeboten werden, sind künstlich gefärbt.

Der Kauf über den Versandhandel

Es gibt viele Händler, bei denen man Mineralien und Edelsteine per Katalog bestellen kann. Meist bieten diese eine breite Auswahl zu günstigen Preisen, die viel größer ist als in den meisten Geschäften. Besorgen Sie sich einen Katalog und achten Sie darauf, dass Sie die Steine zurückschicken können, sollten sie nicht Ihren Vorstellungen entsprechen.

Im Juweliergeschäft

Der Kauf beim Juwelier ist zweifellos eine sehr teure Variante des Sammelns. Doch viele Juweliere sind Spezialisten für geschliffene Edelsteine und können Ihnen bei deren Bestimmung möglicherweise behilflich sein.

Große Quarzkristalle wie diese werden im Edelsteinhandel oftmals recht preiswert angeboten.

Sedimentgesteinsprobe

Häufig findet man in Edelsteingeschäften faszinierende Gesteinsstücke wie diesen Kalkstein, der reichlich mit Fossilien und Calcit bedeckt ist.

Mitgliedschaft in einem Verein

Nur wenige Mineraliensammler sind in der Lage, ihre Sammlung allein aufzubauen. Daher ist es durchaus sinnvoll, einem Verein beizutreten. Stößt man im Gelände auf ein seltenes Mineral, dann stellt man oft genug fest, dass es mehr davon gibt, als man für die eigene Sammlung benötigt. Warum also nicht ein paar zusätzliche Exemplare mitnehmen, die man dann mit anderen Vereinsmitgliedern tauschen kann? Und auch wenn Sie alle Stücke selbst zusammentragen möchten, können Sie miteinander Informationen über Erfolg versprechende Fundorte austauschen.

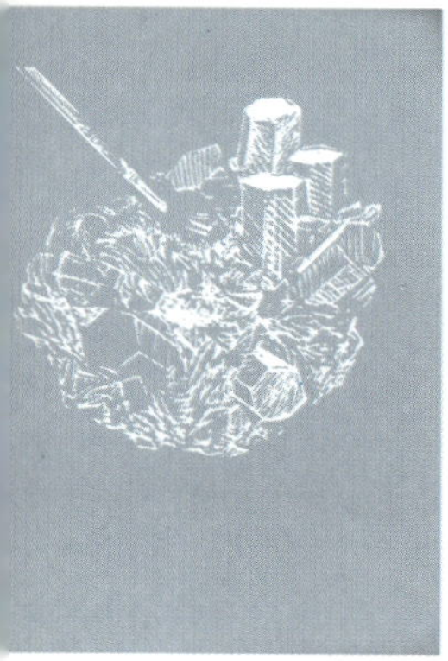

Die Pflege einer Sammlung

Die meisten Mineralproben findet man in verschmutztem Zustand oder an anderen Mineralien haftend. Bevor Sie diese Mineralien in Ihre Sammlung aufnehmen können, ist es erforderlich, sie sorgfältig zu reinigen und aufzubereiten, damit sie später in gutem Zustand präsentiert werden können.

Reinigung und Aufbereitung

Die meisten Proben sind mit Schmutz bedeckt und bedürfen daher der Reinigung. Bevor Sie jedoch mit der Reinigung beginnen können, ist es nötig, das Mineral anhand der auf den folgenden Seiten beschriebenen Tests zu bestimmen und festzustellen, ob es Eigenschaften aufweist, die Sie beim Reinigen beachten sollten. Halit beispielsweise, ebenso wie andere Mineralien, ist wasserlöslich – schon ein einziger Wassertropfen kann die Probe komplett verderben. Solche löslichen Mineralien werden lediglich mit einer Zahnbürste gereinigt. Falls das Stück sehr zerbrechlich ist, verwenden Sie einen Luftpinsel, also einen Blasebalg, wie er von Fotografen zur Linsenreinigung eingesetzt wird.

Für die meisten Mineralien benötigen Sie lediglich eine weiche Zahnbürste und etwas Wasser. Um schmierige Rückstände oder Flecken zu entfernen, setzt man dem Wasser einen Tropfen mildes Reinigungsmittel zu. Sollten die Verschmutzungen zu fest haften, weichen Sie das Mineral einfach über Nacht in Wasser ein, damit sich der Schmutz anschließend leichter abbürsten lässt. Feste Minerale wie Quarzkristalle (siehe Härteskala nach Mohs) können recht massiv – mit einer groben Nagelbürste – gereinigt werden, während andere Arten wie Gips sehr weich sind und selbst mit dem Fingernagel zerkratzt werden können. Spröde Mineralien wie Calcit (Kalkspat) müssen sehr vorsichtig behandelt werden.

Vor der Reinigung
Untersuchen Sie Ihre Proben sorgfältig, um zu gewährleisten, dass nicht versehentlich interessante oder wertvolle Mineralien zerstört oder entfernt werden.

Calcit (Kalkspat)
Exemplare, die aus vielen kleinen Kristallen bestehen, müssen so aufbewahrt werden, dass sie nicht verstauben oder zerbrechen.

Polieren und Schleifen

Eine Art der Edelsteinbearbeitung ist das so genannte Trommeln. Trommelmaschinen werden im Edelsteinhandel angeboten und kosten ungefähr so viel wie eine kleine Kamera. Wenn man einige Exemplare ausstellen oder in Geschenke verwandeln möchte, ist die Anschaffung einer solchen Maschine eine lohnende Investition. Sie besteht aus einem rotierenden Gefäß, das von einem Elektromotor angetrieben wird. Die Trommel wird mit den zu schleifenden Steinen sowie mit Schleifmittel und Wasser befüllt. Schaltet man das Gerät ein, setzt sich die Trommel langsam in Bewegung. Durch das Schleifmittel werden die Steine abgeschliffen. Nach einigen Tagen geht man zu einem feineren Schleifmittel über. Nach mehrmaligem Austauschen des Schleifmittels und einem abschließenden Poliervorgang erhält man blanke, glänzende Steine. Selbst kleine Kieselsteine erhalten auf diese Weise eine außergewöhnliche Optik.

Ein modernes Gerät für den professionellen Sammler ist eine diamantbesetzte Säge für das Schneiden von Achatscheiben. Diese Säge wird durch die gleiche Art von Motor angetrieben wie die Trommelmaschine. Nach dem Sägen kann man die Achatscheiben auf einer horizontal kreisenden Scheibe mit Schleifmitteln verschiedener Körnung polieren. Die Scheiben lassen sich so dünn schneiden, dass sie lichtdurchlässig sind.

Poliermaschine

Industriell werden Edelsteine mit Hilfe einer solchen Maschine poliert. Poliergeräte für den Hobbybereich sind wesentlich einfacher aufgebaut und haben ungefähr die Größe eines Marmeladenglases.

Die Grundausrüstung für die Reinigung von Mineralien bilden eine Nagel- oder Zahnbürste sowie eine Schüssel mit Wasser und einem Tropfen Reinigungsmittel. Eine Auswahl an Schabern und Pinzetten ist jedoch äußerst hilfreich.

Die Präsentation einer Sammlung

Mineralien und Edelsteine weisen verschiedene Härtegrade auf. Wenn sie aneinander stoßen, können die Proben beschädigt werden. Die einfachste Lösung ist daher, die Exemplare einzeln in kleinen Pappschachteln oder stabileren Plastikbehältern zu lagern, wie sie im Fachhandel angeboten werden. Diese kleinen Behälter bewahrt man in einem flachen Karton oder in einer Schublade auf.

Mineralien und Edelsteine sehen am attraktivsten aus, wenn sie sauber und glänzend sind. Deshalb ist eine Abdeckung wichtig, um sie vor Staub zu schützen. Besonders schöne Stücke lassen sich wirkungsvoll in einer Vitrine ausstellen oder offen im Regal, befestigt auf Halterungen, die man im Fachgeschäft beziehen kann. Für diese Art der Präsentation eignen sich polierte Exemplare am besten, da sie leichter zu reinigen sind.

Schaukästen

Ein alter Setzkasten (oben) vom Flohmarkt ist bereits in einzelne Fächer unterteilt, die sich für kleine Proben eignen. Abgedeckt mit einer schweren Glasplatte, ergibt er eine attraktive Tischplatte.

Bestimmung

Eine Sammlung lässt sich nach verschiedenen Gesichtspunkten systematisieren. Eine Möglichkeit ist die Gliederung nach Mineralarten, zum Beispiel Quarz oder Feldspat; eine andere die Gruppierung nach Fundorten – man kann alle Stücke zusammenfassen, die aus einem bestimmten Gebiet oder einer Landschaftsform stammen. Wenn Sie einen eher künstlerischen Ansatz wählen möchten, können Sie Ihre Sammlung auch nach Farbe, Form oder Größe sortieren. Welche Herangehensweise Sie auch wählen, Ihre Sammlung wird um einiges attraktiver für Sie und alle Betrachter, wenn die Proben beschriftet sind. Versehen Sie alle Stücke Ihrer Sammlung mit einer Nummer und katalogisieren Sie die Informationen. Wenn möglich, sollten Sie die Behälter ebenfalls beschriften. Tragen Sie in Ihren Katalog alle charakteristischen Merkmale ein: Härte, Farbskala, woher die Probe stammt (Fundort oder Gesteinsart) sowie interessante Informationen und Geschichten aus anderen Quellen.

Ein natürlicher Briefbeschwerer

Besonders schöne Exemplare sollte man zeigen, sich daran erfreuen – und sie benutzen. Dieser polierte Stein (links) hat eine glatte Oberfläche und ist schwer genug, um als stilvoller Briefbeschwerer zu dienen.

Die Katalogisierung von Edelsteinen

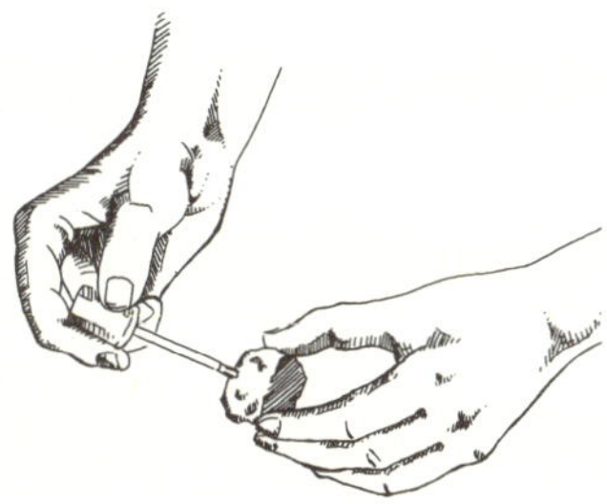

1. *Versehen Sie jedes Exemplar mit einer Nummer: Dazu setzen Sie an einer unauffälligen Stelle einen Punkt mit weißer Farbe oder Korrekturflüssigkeit. Nachdem diese getrocknet ist, können Sie diese Stelle mit der entsprechenden Nummer beschriften.*

2. *Legen Sie für jedes Mineral eine Karteikarte an, auf der Sie Nummer, Namen und Charakteristika des Stückes eintragen sowie Datum und Ort des Fundes bzw. Kaufes. Sortieren Sie die Karten entsprechend der Ziffernfolge.*

3. *Wenn Sie Ihre Sammlung in Schubladen aufbewahren, um sie vor Staub zu schützen, können Sie eine thematische Systematisierung vornehmen: nach Mineralart, Farbe oder in Übereinstimmung mit Ihrer Kartei nach Nummern sortiert.*

Die Bestimmung von Edelsteinen und Mineralien

Einige Mineralien, wie zum Beispiel Kupfer, sind unverwechselbar. Andere wiederum sind wesentlich schwieriger zu erkennen. Wenn sich ein Mineral nicht anhand des Fundortes bestimmen lässt, werden Ihnen die folgenden einfachen Tests und Prüfungen behilflich sein. Vielleicht gelingt Ihnen die Bestimmung eines Minerals schon mit Hilfe eines einzigen Tests, dennoch sollten Sie generell alle Prüfungen durchführen, um sich ein vollständiges und zuverlässiges Bild zu verschaffen.

Bestimmung nach äußeren Kennzeichen

Eine der besten Bestimmungsmethoden ist die äußerliche Betrachtung. Prüfen Sie zunächst, ob das Mineral Kristallform oder eine andere Gestalt besitzt. Wenn es kristallisiert ist, versuchen Sie die Kristallform zu analysieren. Vergleichen Sie diese mit den im Bestimmungsteil aufgeführten Mineralien. Sind die Kristalle würfelförmig oder besitzen sie sechs Seiten? Haben sie eine flache Form oder sind sie lang und dünn?

Kristalle sind nur sehr selten perfekt ausgebildet. Aber auch wenn Sie keine ausgeprägten Kristalle sehen, sind sicher andere Formen erkennbar. Selbst wenn keine perfekten Kristalle ausgebildet sind, haben Mineralien die Tendenz, eine bestimmte Form, die man auch als Habitus bezeichnet, anzunehmen. Dieser kann in Abhängigkeit von den Bildungsbedingungen variieren. Die Mineralogie verwendet besondere Bezeichnungen für die verschiedenen Ausbildungsformen von Kristallen.

Viele Mineralien, so zum Beispiel der Hämatit, besitzen eine gerundete, blasenartige Form, die einer Niere (nierenförmig, nierig) oder einer Weintraube (traubenförmig, traubig) ähneln. Andere bilden lange, dünne Kristalle aus (genannt nadelförmig oder nadelig). Wieder andere weisen flache Kristalle auf (bezeichnet als tafelförmig oder tafelig). Man stößt auch auf Minerale, die scheinbar keine besondere Form besitzen. Solche Exemplare nennt man massige Mineralien.

Vanadinit
Die sechsseitigen Kristalle sind an diesem Vanadinit deutlich zu erkennen (oben).

Vergrößerung
Mit Hilfe einer Lupe können Sie die Mineralkörner genau untersuchen.

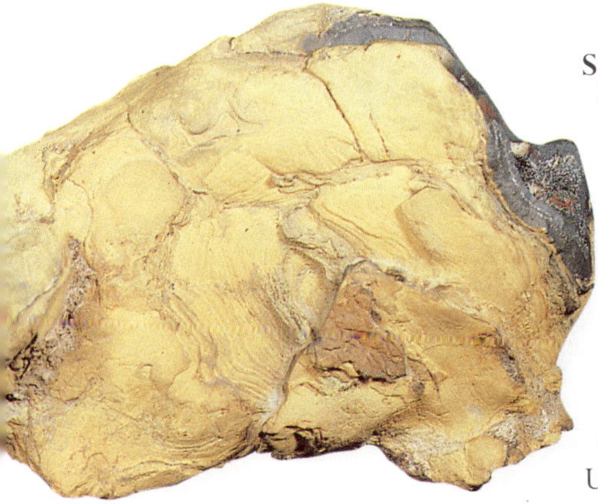

Spaltbarkeit und Bruchverhalten

Die meisten Mineralien, die man findet, sind in irgendeiner Weise gebrochen. Dabei unterscheidet man zwei Formen: die eine wird als Spaltbarkeit und die andere als Bruch bezeichnet.

Die Spaltbarkeit bezieht sich auf die Eigenschaft von Mineralen, in einer oder mehreren Richtung/en leichter teil- oder spaltbar zu sein scheinen als in anderen. Die Ursache dafür liegt in der Atomstruktur, die bestimmte Linien erzeugt, entlang derer das Mineral zerbrechlicher ist als an anderen Stellen. Daher wird das Mineral immer wieder in die gleichen Flächen gespalten, die man Spaltflächen nennt. Bestimmte Mineralien haben ihr eigenes, charakteristisches Spaltverhalten. Einige, beispielsweise Glimmer, ergeben eine einzige Fläche, wobei hauchdünne Schuppen oder Blättchen entstehen. Andere, wie Feldspat, ergeben zwei Flächen, so dass wir lange Spaltkörper erhalten. Wenige, zum Beispiel Halit, lassen sich in drei rechtwinklig zueinander stehende Flächen spalten, wodurch sich würfelförmige Spaltstücke ergeben. Wird ein Mineral wie Calcit (Kalkspat) in mehrere schiefwinklige Flächen gespalten, bezeichnet man dies als rhombische Spaltung.

Nicht alle Mineralien werden jedoch entlang ebener Flächen gespalten. Viele brechen unregelmäßig. Dieses Eigenschaft wird als Bruch bezeichnet. Wiederum zeigen verschiedene Mineralien unterschiedliches Bruchverhalten. Diese Bruchstücke können verschiedene Formen aufweisen: muschelig, hakig (d. h. gezackt) oder splittrig.

Limonit
Minerale, die keine erkennbare Struktur aufweisen, bezeichnet man als Massen.

Spaltbarkeit von Calcit (Kalkspat)
Bei der Spaltung liefert Calcit rhomboederförmige Spaltkörper.

Gips
Das Kristallwachstum dieses Selenits, einer Gipsart, nennt man nadelförmig.

Achat
Würde man mit dem Geologenhammer auf ein solches Achatstück schlagen, entstünden muschelförmige Bruchstücke.

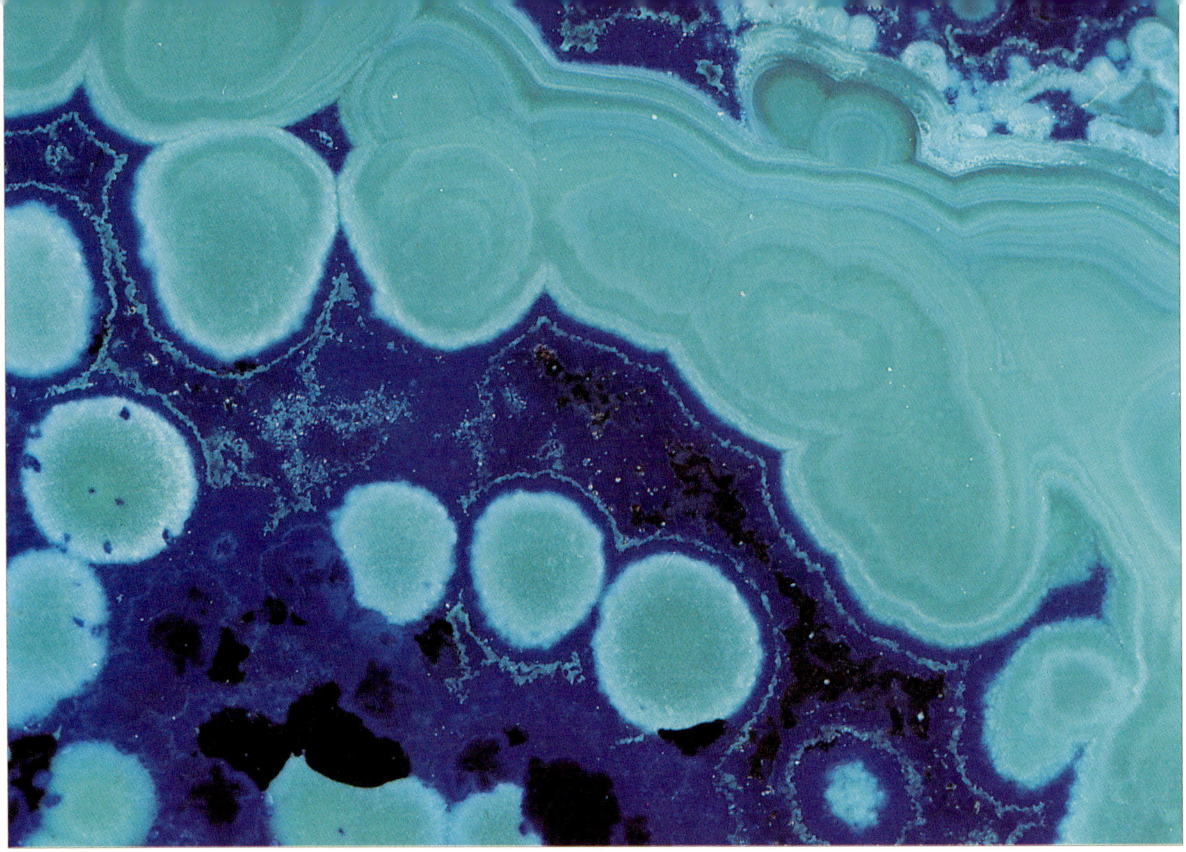

Azurit

Manche Mineralien, wie der Azurit in seinem strahlenden Blau, sind bereits an ihrer Farbe zu erkennen.

Farbe

Die jeweilige Mineralzusammensetzung eines Edelsteines trägt dazu bei, ihm seine spezifische Farbe zu verleihen. Bei den eigenfarbigen (idiochromatischen) Edelsteinen ist es die chemische Zusammensetzung, die für die Farbgebung verantwortlich ist. So ist die grüne Färbung des Peridots auf dessen hohen Eisengehalt zurückzuführen.

Fremdgefärbte (allochromatische) Edelsteine beziehen ihre Färbung aus geringen Beimengungen anderer Elemente. Der Smaragd ist ein durch Spuren von Chrom und Vanadium grün gefärbter Beryll.

Um die Farbe eines Minerals zu bewerten, sollte man es bei natürlichem Tageslicht betrachten. Die Übersicht auf den Seiten 34 – 35 systematisiert verschiedene Edelsteine nach ihrer Farbe. Denken Sie jedoch daran, dass viele Mineralien in diversen Farbnuancen vorkommen. Drei unterschiedlich gefärbte Proben müssen also nicht unbedingt unterschiedliche Mineralien sein – es kann sich dabei auch lediglich um verschiedenfarbige Varietäten des gleichen Minerals handeln. Quarz tritt beispielsweise unter anderem in den Farben weiß, rosa und violett auf.

Polierter Marmor

Marmorgestein besteht hauptsächlich aus dem Mineral Calcit (Kalkspat), das eine weiße Farbe besitzt. Spuren von anderen Mineralien sorgen jedoch für eine breite Farbpalette.

Einige Edelsteine, die man als pleochroitisch bezeichnet, ändern ihre Farbe je nach Betrachtungswinkel. Turmalin sieht beispielsweise aus einer Richtung schwarz aus und aus der anderen grün. Andere Mineralien ändern ihre Farbe je nach der Art des Lichtes, bei dem sie betrachtet werden und erscheinen unter ultraviolettem Licht vollkommen anders. Manche Sammler nutzen diese Eigenschaft und begeben sich nachts auf die Suche nach seltenen fluoreszierenden Mineralien.

Schneeflocken-Obsidian

Dieses Gestein enthält kleine Christobalit-Einschlüsse, die wie Schneeflocken aussehen.

Strichfarbe

Der Strich eines Minerals ist die Farbe seines Mineralpulvers. Während die Farbe vieler Mineralien beim Betrachten wechselt, behält der Strich seine typische Farbe. Fluorit (Flussspat) kommt zum Beispiel in vielen verschiedenen Farben vor, der Strich ist jedoch immer weiß. Andere gleichfarbige Minerale wie Magnetit und Chromit lassen sich anhand ihrer Strichfarbe unterscheiden. Magnetit besitzt einen schwarzen Strich, Chromit dagegen einen gelbbraunen oder braunen.

Um die Strichfarbe zu bestimmen, benötigt man eine Strichtafel. Diese kann man im Fachhandel kaufen oder einfach die unglasierte Rückseite einer Keramikfliese verwenden. Um den Strich zu bestimmen, fährt man mit dem Mineral über die Fliese. Diese Methode eignet sich allerdings nicht für sehr harte Mineralien, da sie die Platte nur zerkratzen.

Achat

Achat kommt in vielen Farbvariationen vor. Durch Polieren kommen die Farbbänder besonders gut zur Geltung. Wie bei allen Quarzarten ist seine Strichfarbe jedoch weiß.

Glanz

Der Glanz wird dadurch bestimmt, wie auf ein Mineral treffendes Licht von dessen Oberfläche reflektiert wird.

Zur Bestimmung der Strichfarbe

benötigt man eine Keramikfliese, wobei man die unglasierte Rückseite verwendet. Das Gestein sollte, wenn möglich, in seine einzelnen Mineralbestandteile zerlegt werden. Wenn Sie wie hier einen Gesteinsklumpen verwenden, streichen Sie das Mineral auf die Fliese, das Sie bestimmen möchten.

Die Oberflächenbeschaffenheit kann dabei so glänzend sein wie Glas oder nahezu gar kein Licht reflektieren. Es gibt eine Reihe von Bezeichnungen, die zur Beschreibung des Glanzes verwendet werden – sie sind alle recht einleuchtend und leicht verständlich: glanzlos, Metallglanz, Perl(mutt)glanz, Glasglanz, Fettglanz und Seidenglanz. So besitzt Gips einen Seidenglanz, während Galenit metallisch glänzt. Halit wiederum weist einen Fettglanz auf und Quarz einen Glasglanz. Diese Bezeichnungen sind nicht sehr präzise, und vieles ist dabei eine Frage der subjektiven Beurteilung. Aber mit ein wenig Übung sind sie für die Bestimmung von Mineralien durchaus hilfreich.

Transparenz

So wie man durch Glas hindurch schauen kann, sind auch manche festen Mineralien durchsichtig. Diese bezeichnet man als transparent. Ein solches Mineral ist zum Beispiel Calcit (Kalkspat); es ist transparent, doch sieht man die Gegenstände hindurch doppelt. Andere Mineralien wie Aquamarin sind nicht durchsichtig, dennoch kann Licht durch sie hindurch scheinen. Solche Mineralien nennt man deshalb lichtdurchlässig oder durchscheinend. Wenn durch ein Mineral keinerlei Licht dringen kann, wird es als undurchsichtig oder opak bezeichnet.

Sowohl Glanz als auch Transparenz sind wichtige Qualitätskriterien für Edelsteine. Viele Mineralien sind aufgrund ihres Lichtspiels Edelsteine. Das Schleifen von Edelsteinen dient dazu, ihnen zusätzliche Brillanz zu verleihen, indem das Licht dadurch auf besondere Art und Weise reflektiert wird.

Metallische Mineralien

Der Metallglanz ist am einfachsten zu erkennen, was die Auswahl bereits wesentlich einschränkt. Sowohl Pyrit (kleine Abb.) als auch Chalkopyrit (unten) besitzen einen Metallglanz, wodurch beide oft fälschlicherweise für Gold gehalten werden.

Die Unterscheidung von Mineralien hinsichtlich des Glanzes

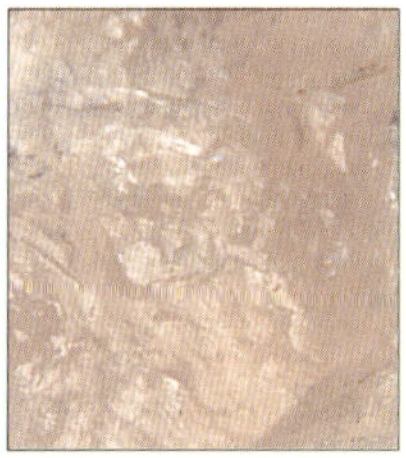

Glasglanz
Glasähnliche Oberfläche, stark glänzend.

Metallglanz
Wie die Oberfläche von Metall, zum Beispiel Stahl.

Fettglanz
Wie die Oberfläche von Margarine oder Butter: glänzend, jedoch nicht so blank wie Glas.

Seidenglanz
Oberfläche schimmert wie Seide.

glanzlos
Keine Reflexion.

Andere Lichteffekte

Farbe und Glanz eines Edelsteines hängen davon ab, wie das Licht von dessen Oberfläche reflektiert wird. Das Licht kann auch im Inneren reflektiert werden. Der Opal kommt zum Beispiel weiß, grau oder farblos vor. Er zeigt jedoch ein regenbogenbuntes Farbenspiel, das durch Lichtbeugungserscheinungen an den winzigen Kügelchen, aus denen die Opalsubstanz besteht, hervorgerufen wird. Diese Erscheinung wird als „Opalisieren" bezeichnet, wodurch ein Edelstein unverwechselbar als Opal erkennbar ist.

Ein weiterer Effekt ist das so genannte „Irisieren". Damit ist das Spiel der Regenbogenfarben im ansonsten weißen Inneren einer Muschel oder auf dem Grau von poliertem Feldspat gemeint. Den silbrig-blauen Lichtschimmer, der dem Mondstein-Feldspat seinen Namen gab, nennt man „Adularisieren" oder Schiller. Einige Opale besitzen einen ähnlichen Schimmer. Manche Lichteffekte sind nur sichtbar, wenn der Stein geschliffen ist. Asbestfasern können in einem kuppelförmig geschliffenen Stein das „Chatoyieren" hervorrufen. Dieser Ausdruck bezeichnet eine in der Mitte befindliche, senkrechte Lichtlinie, die wie ein Katzenauge aussieht. Auf dieser Erscheinung beruht das Tigerauge, eine Form des Quarz. Mehrere sich schneidende Fasern rufen beim Saphir eine Sternbildung, „Asterismus" genannt, hervor, die ihn in einen Sternsaphir verwandeln.

Transparenter Calcit (Kalkspat)
Durch manche Calcitkristalle sieht man die Gegenstände doppelt. Diese Form nennt man Isländischen Doppelspat.

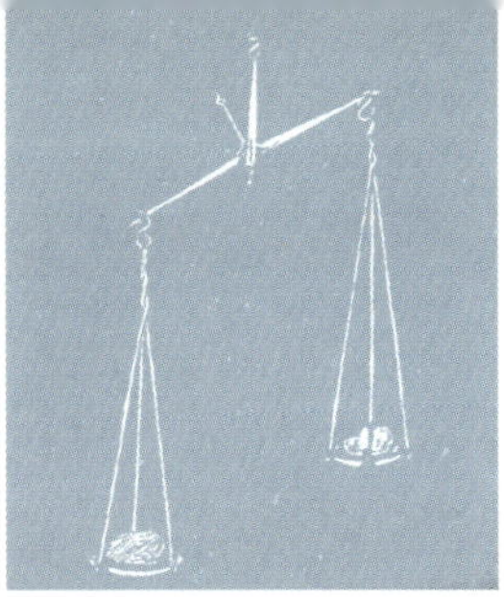

Härte und Dichte

Bei den meisten Tests zur Bestimmung von Mineralien geht es lediglich darum, sie von außen zu betrachten. Es gibt jedoch auch zwei Messverfahren, die angewandt werden, um Mineralien zu identifizieren. Eines ist die Bestimmung des Härtegrades und das andere die Messung der Dichte (früher auch als spezifisches Gewicht bezeichnet).

Härteprüfung

weich

1 Talk
2 Gips
2,5 Fingernagel
3 Calcit (Kalkspat)
3,5 Münze
4 Fluorit (Flussspat)
5 Apatit
5,5 Taschenmesser
6 Orthoklas
7 Quarz
8 Topas
9 Korund
10 Diamant

hart

Härte

Mineralien und Edelsteine lassen sich hinsichtlich ihrer Härte voneinander unterscheiden. Die Bestimmung der Ritzhärte ist daher ein geeignetes Mittel für eine Identifikation. Man stellt anhand der nebenstehend abgedruckten Tabelle kleine Stücke von Vergleichsmineralien zusammen, um eine eigene Härteskala zu erhalten. Diese zehnstufige „Mohssche Härteskala", die auf den Mineralogen Mohs zurückgeht, der sie im Jahre 1812 entwickelte, wird als Standardmaß für die Härteprüfung von Mineralien verwendet.

Die einzigen „Werkzeuge", die man dazu braucht, sind ein Fingernagel, eine Münze und die Klinge eines Taschenmessers. Die Skala zeigt, an welcher Stelle sie einzuordnen sind. Die meisten darin aufgeführten Mineralien sind relativ geläufig. Im Fachhandel bekommt man sogar kleine Topaskristalle recht preiswert. Obwohl man komplette Prüfsets mit allen zehn Mineralien fertig kaufen kann, macht es ganz sicher mehr Spaß, eines selbst zusammenzustellen.

Um den Test durchzuführen, ritzt man die Mineralprobe zunächst mit dem Vergleichsmaterial der geringsten Härte und arbeitet sich anschließend so lange durch die Tabelle, bis die Probe härter ist als die entsprechende Stufe der Skala. Da die Härteprüfung ein Einritzen der Probe erfordert, sollten Sie darauf achten, dass dabei kein wichtiger Teil beschädigt wird. Bei Diamanten wird ein Zerkratzen selbstverständlich keinesfalls gelingen.

Um die Härte eines Minerals zu bestimmen, wird es nacheinander mit Alltagsgegenständen geritzt: dem Fingernagel, einer Münze, einem Taschenmesser. Verwenden Sie diese als Basis für die Aufstellung einer Skala analog der abgebildeten Mohsschen Härteskala.

Dichte

Große Objekte wiegen gewöhnlich mehr als kleine. Manchmal kommt es jedoch vor, dass ein Objekt wesentlich schwerer ist als ein anderes von gleicher Größe. Das liegt daran, dass das schwerere Stück eine höhere Dichte besitzt. Verschiedene Mineralien lassen sich hinsichtlich ihrer Dichte voneinander unterscheiden. Ein Stück bleihaltiger Galenit ist um einiges schwerer als ein Stück Quarz von gleicher Größe.

Um die Dichte exakt zu bestimmen, vergleicht man das Gewicht einer Probe mit dem Gewicht der entsprechenden Wassermenge. Wasser besitzt eine Dichte von 1. Bei den meisten Mineralien beträgt die Dichte mindestens 1 (deshalb sinken sie zu Boden). Die Mehrheit bewegt sich zwischen 2,5 und 3,0. Bei manchen Mineralien ist die Dichte jedoch noch wesentlich höher – Gold zum Beispiel liegt bei 19,3.

Vergleichbare Stücke von Calcit und Galenit

Diese beiden Proben sind größenmäßig nahezu identisch. Dennoch ist der stark bleihaltige Galenit (rechts) mit seiner hohen Dichte wesentlich schwerer.

Die Bestimmung der Dichte

Um die Dichte zu ermitteln, benötigt man eine hydrostatische Waage mit einem Gehänge. Das zu bestimmende Mineral wird am Gehänge befestigt und das Gewicht notiert (Gewicht a). Anschließend bringt man das Mineral unter Wasser. Wieder wird das Gewicht notiert, das diesmal geringer ist (Gewicht b).

Mit Hilfe einer einfachen Formel errechnet man nun die Dichte. Gewicht (b) wird von Gewicht (a) abgezogen. Das Ergebnis heißt (c). Anschließend wird (a) durch (c) geteilt. Als Resultat erhält man die Dichte. Es ist nicht unbedingt nötig, auf diese Weise alle Stücke Ihrer Sammlung zu untersuchen. Mit der Zeit werden Sie in der Lage sein, Mineralien zu erkennen, die überdurchschnittlich hohe Werte aufweisen.

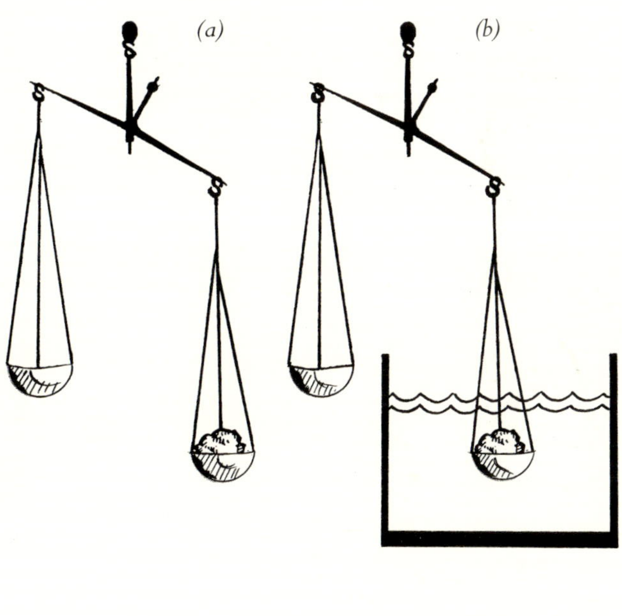

Farbschlüssel für Edelsteine und Mineralien

Auf den folgenden Seiten finden Sie Informationen, die Sie für die Bestimmung einer breiten Palette von Edelsteinen und Mineralien benötigen. Wenn Sie bei einem Stück bereits eine Idee haben, was es sein könnte, schlagen Sie einfach die entsprechende Seite auf und überprüfen Sie, ob die Eigenschaften übereinstimmen. Wichtig ist, dass alle Kriterien erfüllt sind, nicht nur die meisten – schon die kleinste Abweichung kann die Identität eines Minerals vollkommen verändern. Wenn Sie keine Anhaltspunkte für die Bestimmung eines Minerals haben, dann gehen Sie die Kriterien, beginnend mit der Farbe, nacheinander durch. Nachfolgend sind die Edelsteine senkrecht nach den gängigen Farben sortiert, um Ihnen den Einstieg zu erleichtern. Es ist sinnvoll, sich für die anderen Merkmale eigene Übersichten anzulegen.

 **Farblos** *Diamant*	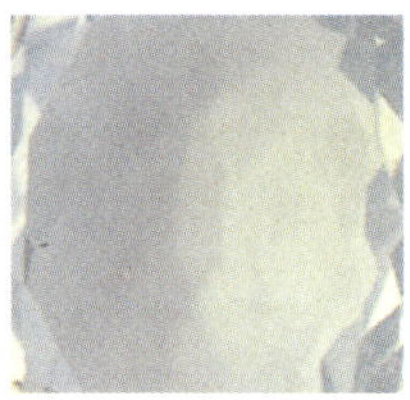 **Weiß** *Milchquarz*	 *Kunzit*	 *Rubin*
 *Zirkon*	 *Calcit*	 *Morganit-Beryll*	 *Spinell*
 *Bergkristall (Quarz)*	 **Rosa** *Rosenquarz*	 **Rot** *Achat*	 *Almandin*

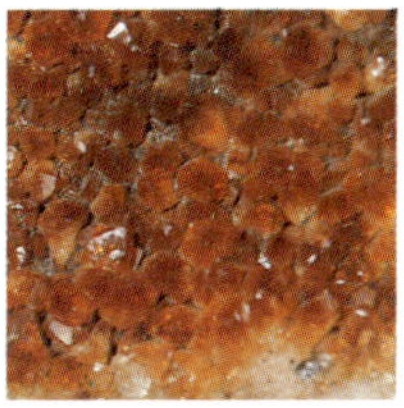

Gelblich
Citrin

Bernstein

Jade

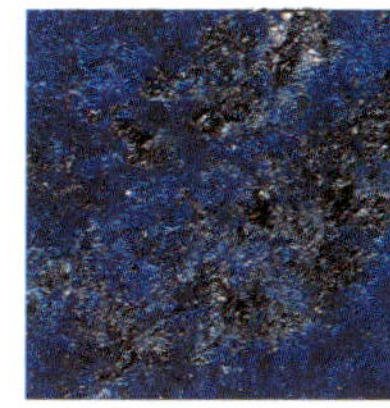

Lapislazuli

Bernsteingelb
Heliodor-Beryll

Grün
Smaragd

Peridot

Türkis

Carneol

Granat

Amazonit

Topas

Cairngorm (Rauchquarz)

Malachit

Blau
Aquamarin

Violett
Amethyst

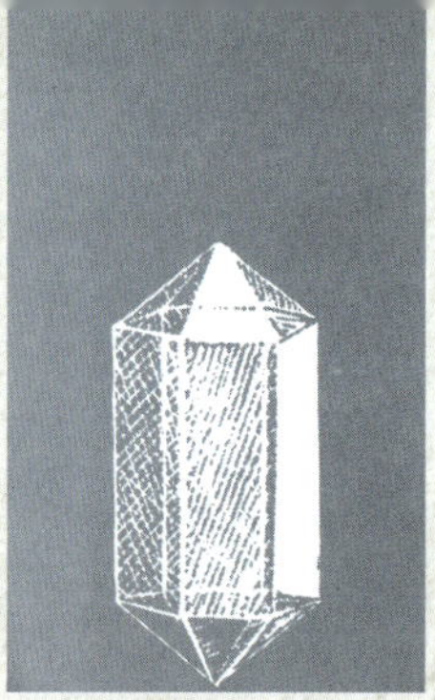

Die Quarz-Gruppe

Quarz ist ein sehr verbreitetes Mineral, das in vielen Gesteinen vorkommt. So sind zum Beispiel die glänzenden grauen Kristalle im Granit ebenso Quarz wie die Körner in Sandstein. Das metamorphe Gestein Metaquarzit besteht fast vollständig aus Quarz. Aufgrund seiner Härte lagert es sich in Flusskies und an Kiesstränden ab. Halten Sie Ausschau nach milchigweißen oder glasartigen Kieseln, die nicht mit einer Messerklinge ritzbar sind.

Quarzkristalle sind sechsseitig und sehr verbreitet, oft mit einer pyramidenförmigen Oberseite. Lagerstätten sind Gesteinshohlräume, vor allem dort, wo es Verwerfungen oder Mineralgänge gibt. Die Kristalle wachsen in die Hohlräume hinein. Der längste jemals gefundene Kristall ist ca. 1 m lang. Solch große Exemplare treten am häufigsten in Hohlräumen von Erstarrungsgesteinen auf, wie zum Beispiel Lava und Basalt. Quarzkristalle werden auch recht preiswert im Edelsteinhandel angeboten, da sie in großen Mengen in Ländern wie Brasilien abgebaut werden. Einige Quarzvarietäten, zum Beispiel Bergkristall, sind so klar wie Wasser – was den römischen Gelehrten Plinius den Älteren zu der Annahme veranlasste, farbloser Quarz sei Eis, das zu hart gefroren ist, um zu schmelzen. Andere Varietäten sind durch verschiedene Mineralien gefärbt: kleine Mengen von Eisen sorgen für die violette Farbe des Amethyst und sehr geringe Spuren von Mangan oder Titan verleihen dem Rosenquarz seine rosa Farbe. Unabhängig von der Farbe ist der Strich von Quarz jedoch immer weiß.

Eine Quarzader

Quarz findet man in Gebirgsregionen, wo durch das harte metamorphe Gestein (oben) kristalline Quarzadern laufen können.

Schwingquarz

Quarzuhren enthalten einen winzigen Quarzkristall, der in einem sehr regelmäßigen Rhythmus, der Frequenz, Schwingungen erzeugt. Diese Schwingungen werden zum Antrieb des Uhrwerks benutzt, das sehr präzise läuft.
Wird auf den Quarz Druck ausgeübt, produziert dieser elektrischen Strom oder sogar Funken. Diesen Effekt bezeichnet man als piezoelektrische Wirkung, der zum Beispiel bei Gasherd-Anzündern ausgenutzt wird.

Dekoratives

Viele Quarzvarietäten wie Amethyst, Bergkristall und Cairngorm werden zu Schmuck verarbeitet, beispielsweise zu dieser Rosenquarz-Kette (unten).

Quarzkörner in Sandstein

Die in diesem Stück Sandstein (oben) erkennbaren runden Körner sind Quarz – sie bilden 80% des Gesteins. Der Quarz wurde ursprünglich in einem anderen Gestein (zum Beispiel Granit) gebildet, dann durch Regen und Eis abgelöst, durch den Wind weggetragen, um schließlich als Sandschichten abgelagert zu werden.

Rosenquarz

Rosenquarz kommt häufig in Pegmatitgängen, einem Erstarrungsgestein, vor, wobei Fundorte gewöhnlich Flusskies oder Strände sind, wo er ausgewaschen wurde. Vorkommen gibt es in Brasilien, Schottland, Colorado (USA) und Spanien.

Bergkristall

Bergkristall ist die reinste Varietät des Quarzes, der wiederum eines der verbreitetsten Minerale in der Erdkruste ist. In seiner reinen Form ist der Bergkristall so klar und durchsichtig wie Eis. Er ist sehr widerstandsfähig gegen Zerkratzen, und die Kristalle sind oft von guter Qualität.

Die Kristalle sind meist sechsseitig und haben pyramidenförmige Enden. Häufig erreichen sie eine beachtliche Größe. Im Nationalmuseum der USA in Washington, D.C., kann man einen Bergkristall mit einem Gewicht von 48 kg bewundern. Die wichtigsten Vorkommen liegen in Brasilien. Aber auch in den Alpen, in den USA und in Russland werden sie abgebaut.

Bergkristall ist der archetypische Kristall und wird auf vielfältige Weise genutzt. Seit dem Mittelalter werden die Kristallkugeln von Wahrsagern aus poliertem und bearbeitetem Bergkristall hergestellt, viele Kronleuchter werden daraus gefertigt und auch Quarzuhren tragen ihn in sich. Er gehört zu den Edelsteinen, die am leichtesten zu finden sind. Poliert und geschliffen eignet er sich sehr gut als Schmuckstein.

Rosenquarz

Rosenquarz ist eine attraktive, verbreitete Quarzvarietät. Man nimmt an, dass die rosa Tönung durch Spuren von Titan hervorgerufen wird. Rosenquarzkristalle sind jedoch sehr selten; gewöhnlich findet man nur derbe Massen. Eine Ausnahme bildet Madagaskar, woher einige der schönsten Kristalle stammen. Transparente Kristalle sind noch seltener, gewöhnlich sind sie trübe oder rissig. Aus diesen Gründen wird Rosenquarz eher selten als Schmuckstein verwendet. Stattdessen benutzt man ihn für Schnitzereien oder er wird zum Cabochon verschliffen und poliert. Die Römer bevorzugten Rosenquarz für die Herstellung von Siegeln.

Einschlüsse in Quarz

Häufig weisen Kristalle in ihrem Inneren besondere Merkmale auf, die man als Einschlüsse bezeichnet. Dabei reicht die Palette von Gasblasen bis hin zu Insekten. Im Wesentlichen bezeichnet man alles das als Einschlüsse, was bei der Entstehung eines Kristalls in ihm eingeschlossen wurde. In der Vergangenheit wurde jeder Einschluss als Fehler gewertet. Heute sind besondere Einschlüsse jedoch sehr begehrt, da sie einen Stein interessanter oder schöner erscheinen lassen. So verwandeln beispielsweise faserförmige Einschlüsse einen Saphir in einen Sternsaphir.

Begehrte Einschlüsse in Bergkristallen sind vor allem lange Nadeln des Minerals Rutil. Diese können im Kristall eindrucksvolle Formen bilden.

Ebenfalls wertvoll sind kleine Turmalin- oder Goldeinschlüsse in Bergkristall.

Rutil-Quarz

Quarz mit nadelförmigen Rutil-Einschlüssen bezeichnet man als Rutil-Quarz. Kristalle mit solchen „Verunreinigungen" sind oftmals sehr begehrt.

Cairngorm

Diese Varietät des Quarzes wurde nach den Cairngorm-Bergen im Norden Schottlands benannt, wo es Vorkommen dieser Kristalle gibt. Aufgrund seiner dunkelbraunen, trüben Farbe bezeichnet man ihn auch als Rauchquarz. Ab und zu trifft man sogar auf völlig schwarze Kristalle. Diese nennt man Morion. Die dunkle Färbung dieser Quarzvarietät wurde durch natürliche Strahlung tief im Erdinneren verursacht. Blasse Quarzkristalle lassen sich durch Strahlenbeschuss künstlich braun färben. Sobald man diese künstlich gefärbten Kristalle erhitzt, werden sie wieder weiß. Cairngorm findet häufig als Halbedelstein Anwendung und ist recht verbreitet, so dass man ihn durchaus in Mineralgängen oder im Geröll finden kann. In Brasilien hat man besonders große Cairngorm-Kristalle gefunden, deren Gewicht bis zu 300 kg betrug.

Cairngorm-Kristall

Hier sehen Sie einen ungewöhnlich großen Cairngorm-Kristall: er ist mehr als 75 mm lang und stammt aus den Bergen Schottlands. Kristalle von dieser Größe können nur dort entstehen, wo große Hohlräume im Gestein vorkommen.

Amethyst

Die intensive Farbe des Amethyst macht ihn zu einer als Edelstein besonders beliebten Varietät des Quarzes. Die Farbpalette reicht dabei von zartblassem Violett bis hin zu kräftigem Lila. Für die Farbe sorgen winzige Spuren von Eisen im Gefüge des Steines. Ähnlich wie der Caingorm färbt sich der Amethyst durch Erhitzen weiß. Erhöht man die Temperatur weiter, verändert sich die Farbe zu gelb. Mit Hilfe von Röntgenstrahlen kehrt die violette Farbe zurück. Die schönsten Amethyste stammen aus Brasilien, Indien und Russland, wo sie in Geoden vorkommen. Sie sind recht weit verbreitet, daher sollte es nicht schwer sein einige Exemplare für Ihre Sammlung zu bekommen. Vielleicht finden Sie einige Proben in einem Gesteinsgang oder in einer Geode. Sollten Sie kein Glück haben, dann versuchen Sie es im Fachgeschäft.

Amethyst

Die griechische Mythologie erzählt folgende Geschichte: Bacchus, der Gott des Weines, fluchte eines Tages in betrunkenem Zorn, dass der erste Mensch, der vorbeiginge, von Tigern gefressen würde. Als die schöne Jungfrau Amethyst vorbeikam, wurde sie von der Göttin Diana zu ihrer Rettung in einen weißen Stein verwandelt. Voll Reue über seinen Wutausbruch goss Bacchus als Opfergabe für Diana Rotwein über den Stein, der sich daraufhin violett färbte. Aus diesem Grund glaubte man früher, der Amethyst schütze vor Trunkenheit.

Citrin: roh und als Schmuckstück gefasst.

Eigenschaften: Quarz

Härte	7
Dichte	durchschnittlich
Spaltbarkeit	keine
Bruch	uneben bis muschelig
Glanz	Glasglanz
Chemische Zusammensetzung	Siliziumdioxid

Citrin

Citrin ist eine gelbe, orangefarbene oder braune Quarzvarietät. Die Farben entstehen durch sehr kleine Eisenbeimengungen, die in den Kristallen enthalten sind. Einige Kristalle haben eine blassgelbe Farbe – diese schätzt man besonders als Edelsteine. Die zitronengelben Kristalle dienten auch als Namensgeber für den Citrin. Zitronengelbe Citrine lassen sich durch das langsame Erhitzen von Amethystkristallen erzeugen. Citrin selbst wird durch Erhitzen weiß. Er ist sehr beliebt als Edelstein und findet in der Schmuckherstellung reichlich Anwendung. Er kommt in feinkristallinen Massen vor, vor allem in Geoden. Citrinkristalle sind sehr gefragt als preiswerte Topas-Imitationen.

Citrin

Kleine Kristalle wie diese sind als Edelsteine wertlos. Aber Citrine treten auch häufig in grobkristallinen Massen auf. Diese größeren Kristalle eignen sich zum Schleifen und Polieren. Größere Exemplare verwendet man für Topas-Imitationen.

Geode mit Amethystkristallen, gebildet aus einer Blase in Basaltlava.

Achat

Achat ist bekannt für seine konzentrisch verlaufenden Farbbänder, die durch Spuren von Eisen und Mangan hervorgerufen werden. Genau genommen ist Achat lediglich ein gebänderter Chalcedon. Wenn man ihn in dünne Platten schneidet, werden die Bänder durch das durchscheinende Licht deutlich sichtbar. Die natürlichen Farben des Achat sind sehr unterschiedlich; es gibt rote, weiße, blaue, graue, braune oder schwarze Exemplare. Viele Achate, die im Handel angeboten werden, sind künstlich gefärbt. Am teuersten sind die Rohachate, die sich besonders leicht einfärben lassen. Die chemische Zusammensetzung des Achat ist die gleiche wie bei Quarz, doch die physikalische Struktur ist eine andere. Statt große Kristalle auszubilden, besteht der Achat aus winzigen Fasern, die lediglich unter dem Mikroskop sichtbar sind. Onyx ist eine Varietät des Achat mit geradlinigen Schichten. Festungsachat besitzt eckige, konzentrische Bänder. Moosachat weist grünliche, verzweigte Adern auf und Jaspis ist rot. Geoden oder „Thunder Eggs“ (Seite 12) sind sternförmig gemustert.

Die Erfolg versprechendsten Muttergesteine für die Suche nach Achaten sind Basaltlaven. Diese Laven waren während der Eruption heiß und schaumig. Da sie aber auf eine kühle Oberfläche trafen, verfestigten sie sich recht bald. Sobald die Lava mit Wasser in Berührung kam, kühlte sie sehr schnell ab und bildete dabei eine glasige Substanz, da die Zeit für eine Kristallisation nicht ausreichte und aufsteigende Gasblasen oftmals an Ort und Stelle erstarrten. Als die Lava abkühlte, wurden aus der glasigen Lava Eisen, Mangan und andere Mineralien in Wasser gelöst. Das Wasser wurde in die Gasblasen hineingefiltert, und als die Lava weiter abkühlte, began-

Moosachat
Chloriteinschlüsse sind dafür verantwortlich, dass der Moosachat den grünen Moosschichten ähnelt, wie man sie an Mauern und Bäumen vorfindet.

Roter Achat
Die hübschen Bänder in diesem Achat sind das Ergebnis künstlicher Färbung. Die meisten Achate lassen sich für die Schmuckherstellung sehr gut färben. Das Färben von Achat ist eine uralte Kunst. Onyx erzeugt man heute, indem Achat in eine Zuckerlösung gelegt und anschließend in Schwefelsäure erhitzt wird, um die Zuckerpartikel braun zu färben und zu härten.

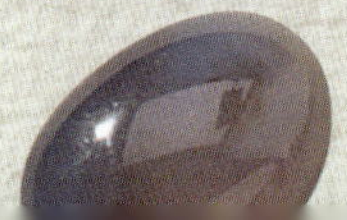

Eigenschaften: Achat

Härte	7
Dichte	durchschnittlich
Spaltbarkeit	keine
Bruch	muschelig
Glanz	Glasglanz- oder Wachsglanz
Chemische Zusammensetzung	Siliziumdioxid

Schöner Bandachat

Die konzentrischen Bänder in dieser Achatscheibe werden durch das Zerschneiden der blasigen Struktur des Minerals sichtbar. Dieses Mineral war in der Antike sehr beliebt bei den Sumerern und Ägyptern, die aus großen Exemplaren Ziergegenstände, Schalen, Becher, Amulette, Talismane und Schmuck schnitzten.

nen in ihrem Inneren Mineralien zu kristallisieren. Dies fand vor allem dort statt, wo das Wasser einen hohen Gehalt an gelöstem Siliziumdioxid aufwies. Die im Achat enthaltenen Bänder bestehen aus Lagen von Kristallen, die sich im Inneren der Hohlräume bildeten.

Schöne Achatscheiben, die aus diesen Hohlräumen geschnitten wurden, werden im Handel recht preiswert angeboten. Man kann aber auch selbst in Bächen oder am Strand in der Nähe von Basaltflächen nach harten, runden Kieseln Ausschau halten. Wenn ein Kiesel sich leicht anfühlt, könnte er hohl sein und einige zur Mitte hin wachsende Achat- oder Quarzkristalle enthalten.

Die hier abgebildeten grünen und violetten Perlen sind aus Achat gefertigt. Die braunen und bernsteinfarbenen Perlen sind Tigerauge, eine Quarzvarietät, die Asbestfasern und Eisenoxid-Körnchen enthält, wodurch das Streifenmuster erzeugt wird.

Carneol

Dieser Halbedelstein ist wie der Achat eine Varietät des Chalcedon. Früher glaubte man, er habe eine beruhigende Wirkung auf Blut und Nerven. Er besteht aus einer Art von Siliziumdioxid, das aus winzigen Fasern und Kristallen aufgebaut ist. Die typisch rötlich-braune Farbe wird durch minimale Mengen von im Gefüge enthaltenem Eisenoxid erzeugt. Sie lässt sich künstlich erzeugen, indem man weißen Chalcedon erhitzt. Die Strichfarbe ist trotz der roten Färbung des Minerals weiß. Wie andere Chalcedone entsteht Carneol in den Gasblasen von Laven und in den Hohlräumen anderer Gesteine. Allerdings bildet er eher rundliche Massen als Kristalle aus. Achate enthalten gelegentlich einen rotorangefarbenen Kern oder Bänder aus Carneol. Man findet ihn häufig im Kies von Flüssen oder am Meeresstrand. Da das Mineral sehr hart ist, sind seine Bruchstücke recht widerstandfähig gegen Verwitterung und Erosion. An Stellen, wo der Kies nass ist, wird seine rötliche Farbe sowie der Glas- oder Wachsglanz besonders deutlich sichtbar.

Carneol

Rohen Carneol (oben) findet man häufig zusammen mit Achat und anderen Quarzvarietäten zwischen Kieseln am Strand.

Jaspis

Jaspis besitzt die gleiche Struktur von winzigen Fasern und Kristallen wie der Carneol, ist jedoch von roter oder grüner Farbe. Die rote Farbe wir durch Spuren von Eisenoxid bewirkt, die grüne stammt von mikroskopisch kleinen Fasern von Aktinolith oder Chlorit. Spuren anderer Mineralien verleihen Jaspis eine braune oder gelbe Farbe. Die Strichfarbe von Jasper ist immer weiß. Er wird in vielen Gesteinsarten gebildet, vor allem in Erstarrungs- oder metamorphen Gesteinen, und kann Gemengteil von Achatmandeln sein.

Fundorte sind häufig Kieselstrände, und ebenso wie der Carneol kommt er nass am besten zur Geltung. Die Varietät mit den roten Flecken bezeichnet man als Blutstein oder Heliotrop.

Rote Jaspisadern

In römischer Zeit wurde Jaspis durch Schnitzen zu Ziergegenständen verarbeitet. Im Ural in Russland gibt es Vorkommen von Bandjaspis. Aus den riesigen Gesteinsbrocken werden wunderschöne Skulpturen gestaltet.

Eigenschaften:	Carneol, Jaspis
Härte	7
Dichte	durchschnittlich
Spaltbarkeit	keine
Bruch	muschelig
Glanz	Glasglanz- oder Wachsglanz
Chemische Zusammensetzung	Siliziumdioxid

Opal

Man nimmt an, dass die Bezeichnung Opal Ihren Ursprung in dem alten Sanskrit-Wort *upala* hat, was so viel wie wertvoller Stein bedeutet. Das Mineral wird in der Umgebung von Thermalquellen sowie in Erstarrungsgesteinen gebildet. Die wichtigsten australischen Opal-Vorkommen (besonders die der Coober Pedy Mine im Süden Australiens) befinden sich jedoch in Schichten von Sedimentgestein. Opal bildet keine Kristalle aus, sondern tritt in nierigtraubiger Form und in länglichen Massen (ähnlich wie Stalaktite) auf. Fossile Bäume bestehen gelegentlich aus Opal, der die ursprüngliche organische Substanz ersetzt hat. Solche fossilen Opale findet man häufig in Australien und in Nevada, USA. Überreste von Meerestieren können ebenfalls auf diese Weise konserviert werden.

Opal kommt in vielen verschiedenen Farben vor – von rot über weiß, blau und grün bis hin zu gelb. Oftmals zeigt ein einziger Stein ein funkelndes Farbspiel und kann seine Farbe durch die Handwärme ändern. Diese Veränderungen sind darauf zurückzuführen, auf welche Weise die winzigen Siliziumdioxid-Teilchen, aus denen der Edelstein besteht, das Licht streuen. Dieses Funkeln von Farben bezeichnet man als das „Feuer" des Opals. Als im 14. Jahrhundert in Europa die als „Schwarzer Tod" bezeichnete Pest wütete, glaubte man, dass ein Opal an Brillanz zunahm, wenn er von einem Menschen mit dieser Krankheit getragen wurde. Möglicherweise veränderte sich seine Farbe durch das Fieber; jedenfalls glaubte man aufgrund dieser Erscheinung, dass Opale Unglück brächten. Seit den 70-er Jahren des 19. Jahrhunderts kommen die meisten Opale aus Australien. Zu Anfang verarbeitete man australische Opale zu kleinen Broschen.

Opal

Edelopal, wie hier im Bild, ist irisierend, d. h. er schillert in verschiedenen Farben, die sich je nach Betrachtungswinkel verändern.

Eigenschaften: Opal

Härte	5,5 – 6,5
Dichte	gering
Spaltbarkeit	keine
Bruch	muschelig
Glanz	Glasglanz- oder Harzglanz
Chemische Zusammensetzung	Siliziumdioxid mit Wasser

Moosopal

Das Muster des Moosopals wird meist als verzweigt oder baumartig beschrieben, tatsächlich sieht es jedoch eher wie Moos aus. Diese Form wird durch die Wachstumsmuster der Kristalle bestimmt. Gelegentlich ersetzen Opale in fossilen Bäumen und Überresten von Meerestieren das organische Gewebe.

Ägyptische Brosche

In der Antike betrachteten die Ägypter und Römer den Opal als Symbol der Macht.

Gesteine und Mineralien aus den Tiefen der Erde

Die Dicke der Erdkruste ist rund um den Erdball sehr unterschiedlich. Während sie in den riesigen Ozeanbecken lediglich ca. 10 km oder weniger beträgt, ist sie unterhalb der Kontinente mehr als 60 km stark. Unter der Kruste befindet sich der Erdmantel, eine Zone von immenser Hitze und hohem Druck. In diesem Bereich befinden sich die Gesteine in Bewegung. Diese besonderen Bedingungen führen zur Entstehung von besonders dichten Gesteinen mit einem hohen Gehalt an schweren Mineralien, die beim Abkühlen und Festwerden wertvolle Edelsteine bilden können. Da solche Gesteine in großen Tiefen entstehen, sind sie an der Erdoberfläche nicht sehr verbreitet. Trotzdem gibt es Stellen, an denen sie vorkommen. Vor allem dort, wo – wie im Norden Kanadas und Schottlands – sehr alte Gesteinsformationen aus dem Präkambrium existieren. Außerdem gelangen diese Tiefengesteine durch Vulkanausbrüche an die Oberfläche sowie im Zusammenhang mit der Gebirgsbildung.

Peridotit

Tief am Grund der Erdkruste gebildet, besitzt Peridotit einen hohen Gehalt an bestimmten Mineralien, wie zum Beispiel Olivin und Granat, die als Edelsteine verwendet werden können.

Peridotit

Peridotit ist eines der dichtesten Gesteine überhaupt. Es wird aus Magma gebildet, und Geologen gehen davon aus, dass der obere Bereich des Erdmantels ähnlich zusammengesetzt ist wie Peridotit. Es handelt sich um ein dunkles, schweres Gestein von meist grünlicher oder schwarzer Farbe, das aus veränderlichen Anteilen von Olivin, Granat, Augit und Hornblende besteht. Die Edelstein-Varität des Olivin nennt man Peridot. Dieser wird seit 3000 Jahren auf der Insel Seberged (auch Zebirget oder St. John genannt) im Roten Meer abgebaut. Kreuzfahrer brachten diesen Edelstein im Mittelalter mit nach Europa. Viele Granatvarietäten finden ebenfalls als Edelsteine Verwendung. Wenn die Granat-Konzentration im Vergleich zu anderen Mineralen sehr hoch ist, bezeichnet man das Gestein als Granat-Peridotit. In diesem Gestein ist der dunkle Hintergrund mit leuchtend roten oder braunen Granatkristallen übersät. Einige davon sind unter Umständen groß genug, um als Edelsteine gewonnen zu werden. Eine Varietät des Peridotit, die nahezu ausschließlich aus

Olivin besteht, heißt Dunit und ist ein grünliches bis bräunliches, zuckerartig aussehendes Gestein, das aus einer verschmolzenen Masse von Olivinkristallen besteht.

Ein weiteres ultrabasisches Gestein, das tief in der Erdkruste gebildet wird, ist Kimberlit. Es enthält Granat und Augit sowie in manchen Regionen – vor allem in Südafrika – Diamanten.

Eklogit

Eklogit und Granulit sind ebenfalls Gesteine, die in den Tiefen der Erdkruste entstehen. Sie werden jedoch nicht durch magmatische Prozesse gebildet, sondern durch Metamorphose, bei der Gesteine durch extreme Temperatur- und Druckverhältnisse tief unterhalb der Kontinente umgewandelt werden. Für Mineraliensammler sind sie zusammen mit den Mineralien Omphacit (ein grünliches Silikat) und Quarz von Interesse, da sie roten Granat, Biotit und blattstängelige Kristalle des blauen Kyanit enthalten können.

Peridot und Granat in Eklogit

Dieser Eklogit aus Norwegen zeigt Flecken von grünem Olivin und rotem Granat und wurde viele Kilometer tief in der Erdkruste gebildet, wo extreme Temperaturen und Drücke herrschen. Interessanterweise ist grüner Olivin auch in Meteoriten enthalten, die aus dem Weltall auf die Erde stürzen. Auch in den Mondbasalten, die von den Astronauten der Apollo-Mission auf die Erde gebracht wurden, konnte man Olivin-Stücke nachweisen.

Bruchstücke von Almandingranat aus Indien sowie ein Granat, eingebettet in einen großen Quarzblock.

Granat

Der Name Granat bezeichnet eine Gruppe oder Reihe von verwandten Mineralien. Zu dieser Gruppe gehören unter anderem der rote Almandin, der violettrote Pyrop, der rosa, grüne und orangefarbene Grossular sowie der Andradit.

Die verschiedenen Abarten des Granat besitzen einander ähnliche Formen und bilden kubische Kristalle aus. Granatkristalle haben typischerweise zwölf rhombisch geformte Seiten. Die Kristallform bezeichnet man als Rhombendodekaeder. Granate kommen hauptsächlich in kristallinen Schiefern, Hornfels und anderen metamorphen Gesteinen vor. Schiefer erkennt man an seinem seidigen Schimmer, der durch Muskovit-Glimmer erzeugt wird. Besonders große Granate ragen aus der Oberfläche des Gesteins heraus, dennoch ist die Gewinnung gelegentlich schwierig. Verwenden Sie einen dünnen Meißel sowie einen kleinen Hammer.

Granatvarietäten

Marmor und Peridotit enthalten häufig deutlich sichtbare rote oder dunkelbraune Granatkristalle. Daneben treten Granate in den Farben grün oder gelb auf. Die Strichfarbe ist immer weiß. Farbgebend sind hier Spuren verschiedener Metalle. Eisen erzeugt violett-braune Granate; tiefes Blutrot wird durch Chrom hervorgerufen und eine grüne Färbung entsteht durch Vanadium.

Bereits seit Tausenden von Jahren schätzt man den Granat aufgrund seiner Schönheit und Härte. Sie werden zur Schmuckherstellung geschliffen und bearbeitet. Ihr Glasglanz besitzt ein hohes Reflexionsvermögen. In der Vergangenheit wurde Granat gern mit Gold kombiniert, um eindrucksvolle Effekte an Kelchen und Königskronen zu erzielen.

Ein Almandin-Anhänger

Grüner Grossularkristall

Geschliffener Pyrop

Pyrop

Strahlende, glasglänzende Pyropkristalle sehen in diesem grünlichen Quarz aus wie Blutstropfen. Bei einigen ist die Kristallform deutlich erkennbar, andere sind durch Erosion abgerundet. Die blutrote Farbe des Pyrops wird durch Spuren von Eisen und Chrom hervorgerufen. Das Wort Pyrop hat seinen Ursprung im griechischen Wort für Feuer, von dem auch ‚Pyromanie' abgeleitet ist.

Roter Almandin

Granatkristalle findet man häufig in kristallinen Schiefern. Hier sind rote Almandinkristalle zu sehen, die dem Granat seinen Namen gaben. Man nimmt an, dass der Name von der lateinischen Bezeichnung des Granatapfels herrührt, da das Innere dieser Frucht dem roten Almandin sehr ähnlich ist.

Eigenschaften: Granat

Härte	6,5 – 7,5
Dichte	hoch
Spaltbarkeit	keine
Bruch	uneben bis muschelig
Glanz	Glasglanz
Chemische Zusammensetzung	
	Silikat aus Aluminium mit Eisen und Kalzium

Olivin

Olivin ist ein Mineral von grüner oder brauner Farbe und wird in seiner Edelstein-Varietät Peridot seit Tausenden von Jahren verwendet. Gewöhnlich tritt er in Form von kleinen abgerundeten Körnern in Gesteinen wie Basalt auf. Die schönsten Exemplare kommen von der Insel Seberged (auch als Zebirget oder St. John bezeichnet) im Roten Meer. Gelegentlich bildet er größere Massen mit einem grünlichen, zuckerartigen Äußeren. Olivin kommt außerdem in dem metamorphen Gestein Marmor vor und verleiht weißem Marmor einen attraktiven grünlichen Farbton. Selbst in Meteoriten, die aus dem Weltall auf die Erde stürzen, wurde Olivin gefunden. Die Kristalle sind wenig verbreitet und haben keilförmige Enden. Das ultrabasische Gestein Dunit besteht nahezu vollkommen aus Olivin.

In Gegenden, wo Basalte und Peridotite vorkommen, hat man keine Schwierigkeiten, im Flusssand und an nahen Stränden Olivinkörner zu finden. Da er sehr hart und haltbar ist, wird Olivin aus Gesteinen ausgewaschen und als Sand abgelagert. Wenn Sand einen hohen Gehalt an Olivin aufweist, kann er unter Umständen grün erscheinen. Für Ihre Sammlung sollten Sie kleine Olivinkörner in einem verschlossenen, durchsichtigen Behälter aufbewahren.

Eigenschaften: Olivin

Härte	über 7
Dichte	überdurchschnittlich
Spaltbarkeit	gering
Bruch	muschelig
Glanz	Glasglanz
Chemische Zusammensetzung	Silikat aus Eisen und Magnesium

Die obere Abbildung zeigt olivinhaltigen Marmor. Unten sehen Sie Bruchstücke von Turmalin und gleichzeitig die Farben, in denen dieser Stein vorkommt. Der schwarze Stein heißt Schörl und ist ein eisenhaltiger Turmalin.

Peridot-Körner

Peridot bildet die Edelstein-Varietät des Olivin. Die Körner in diesem Peridotit sind jedoch als Edelsteine zu klein. Peridot ist ein französisches Wort, könnte allerdings auch von dem arabischen Ausdruck „faridat“ kommen, was Edelstein bedeutet.

Grüner Turmalin

Turmalin findet man häufig in Pegmatiten, wo der Turmalin in Quarz eingebettet ist. Grüner Turmalin erscheint häufig schwarz, da der Stein „pleochroitisch“ ist, d. h. die Farbe ändert sich in Abhängigkeit des Blickwinkels.

Eigenschaften: Turmalin

Härte	7 – 7,5
Dichte	durchschnittlich
Spaltbarkeit	undeutlich
Bruch	muschelig
Glanz	Glasglanz
Chemische Zusammensetzung	komplexes Silikat aus vielen Metallen, z. B. Natrium, Magnesium und Eisen

Turmalin

Dieses Mineral besitzt die wahrscheinlich breiteste Farbpalette aller Edelsteine, wobei viele der verschiedenfarbigen Abarten einen eigenen Namen haben. John Ruskin, ein Philosoph aus dem 19. Jahrhundert, beschrieb die Chemie des Turmalin als „das Rezept eines mittelalterlichen Arztes statt die Zusammensetzung eines ernstzunehmenden Minerals“. Es gibt sogar Kristalle, deren Farbe an einem Ende grün und am anderen rosa ist. Diese zweifarbigen Minerale zeigen ungewöhnliche elektrische Eigenschaften: die eine Seite besitzt eine positive, die andere eine negative Ladung.

Turmalin bildet ausgezeichnet geformte Kristalle aus, die ebenso wie die des Quarzes sechs Seiten und eine pyramidenförmige Oberseite besitzen. Es sollte dennoch nicht schwer fallen, Turmalin von Quarz zu unterscheiden, da ersterer etwas härter ist und die Kristalle häufig nach unten verlaufende Linien aufweisen. Turmalin kommt relativ häufig in Gesteinen wie Granit und Pegmatit vor.

Rosafarbener Turmalin

Rosafarbener Turmalin ist auch unter dem Namen Rubellit bekannt, was auf das lateinische Wort für rot zurückgeht. Die begehrtesten Rubellite sind jedoch rubinrot. Rubellit bildet häufig Trichite (Mineralfasern), die aussehen wie Katzenaugen, wenn man sie mit einem Cabochonschliff (Knopfform) versieht.

Die Feldspatfamilie

Man unterscheidet zwei Hauptarten des Feldspat: Orthoklas und Plagioklas. Beide besitzen unterschiedliche chemische Merkmale. Ihre Farbnuancen reichen von milchig-weiß über rosa bis hin zu grün und nahezu schwarz; ihr Strich ist jedoch immer weiß. Alle Minerale sind recht verbreitet und kommen in vielen Gesteinsarten vor. Granit besitzt einen hohen Gehalt an Feldspat, der häufig durch große, gut ausgebildete Kristalle sichtbar wird. Die Kristallform ist säulig bzw. tafelig. In Pegmatitgängen sind die Feldspatkristalle meist größer, und Orthoklas-Feldspat kommt in großen rosafarbenen Massen vor. Pegmatite sind oftmals Lagerstätten für Mondstein, einen Halbedelstein, der gespenstisch schimmert. Dieser Lichteffekt ist allerdings weniger auf reflektiertes Mondlicht, als vielmehr auf seine chemische Zusammensetzung zurückzuführen. Feldspat tritt außerdem in vielen metamorphen Gesteinen auf, zum Beispiel in Gneis und in einer Sandsteinart mit dem Namen Arkose. Eine der vielen Feldspat-Varietäten ist der Amazonenstein (Amazonit), ein Feldspat von blau-grüner Farbe, der oft in Form von eindrucksvollen Kristallen vorkommt. Farbgebend sind minimale Mengen von Wasser und Blei im Gemenge.

Amazonenstein wird seit Tausenden von Jahren für die Herstellung von Schmuck und Ziergegenständen verwendet. Labradorit ist ein prächtiger, dunkelblauer Feldspat mit einer glitzernden Oberfläche von Regenbogenfarben, die sich mit dem Einfallswinkel des Lichtes verändern. Dieser Effekt wird durch winzige Rutil- und Magnetitkristalle hervorgerufen, die sich im Inneren des Labradorit befinden. Versuchen Sie verschiedenfarbige Varietäten zu bekommen und fassen Sie diese für Ihre Sammlung unter dem Oberbegriff „Die Feldspatfamilie" zusammen.

Amazonenstein

Der Amazonenstein wurde nach dem Fluss Amazonas in Südamerika benannt und ist die begehrteste Edelstein-Varietät des Feldspatvertreters Mikroklin. Die auffallend blaugrüne Farbe wird durch Spuren von Blei erzeugt. Ungeachtet des Namens befinden sich die wichtigsten Amazonenstein-Vorkommen in Indien.

Orthoklas

Orthoklas ist einer der verbreitetsten Feldspate, der in Graniten und Pegmatiten große Massen bildet, wie hier im Bild zu sehen. Die kleinen grauen Kristalle in diesem Exemplar sind Quarz. Orthoklas kommt aus dem Griechischen und bedeutet „gerader Bruch" und tatsächlich ist die Spaltbarkeit des Minerals nahezu exakt rechtwinklig.

Diese Rohedelsteine sind ausnahmslos Feldspate: Mondstein (links), Labradorit (oben links) und Amazonit (oben rechts). Anhand des Mondsteins ist deutlich erkennbar, welchen Unterschied das Polieren ausmacht.

Labradorit

Labradorit ist ein Vertreter der zahlreichen Plagioklas-Feldspate. Neben Aluminium und Siliziumdioxid enthalten Plagioklase veränderliche Anteile von Kalzium und Natrium anstelle des Kaliums in Kalifeldspaten wie Orthoklas.

Topas

Topas ist ein sehr hartes Mineral. Es ist sinnvoll, über eine zusätzliche Probe zu verfügen, die die 8. Stufe der Härteskala repräsentiert. Allerdings bricht Topas sehr leicht entlang der Spaltflächen. Wird er als Schmuckstein verwendet, ist es daher wichtig, ihn sorgfältig zu fassen, um ihn gegen Beschädigungen durch versehentliches Anstoßen zu schützen.

Topas

Topaskristalle wurden bereits mit einem beachtlichen Gewicht von bis zu 100 kg gefunden. Gewöhnlich sind die Kristalle relativ lang, Topas tritt jedoch auch in unregelmäßigen und körnigen Formen auf. Er kommt in Erstarrungsgesteinen vor, besonders in sehr grobkörnigen Pegmatiten, wo große Kristalle gebildet werden können. Diese Kristalle entstehen, wenn heiße Flüssigkeiten aus dem Magma in Gesteinshohlräume sickert. Topas tritt in zahlreichen Farbnuancen auf: klar durchsichtig und farblos, blau, rosa, weiß, orange und gelb. Gelegentlich ist die Ähnlichkeit des Topas mit einem Diamanten so groß, dass sich schon viele Finder zu früh gefreut haben, wenn sie im Flusskies auf einen rundgewaschenen Topaskiesel stießen. Es ist durchaus möglich, dass der 1640-karätige Bragança-Diamant in der alten portugiesischen Krone, der einst als größter jemals gefundener Diamant galt, ein Topas gewesen sein könnte.

Zirkon

Zirkonkristalle bestehen häufig aus zwei langgezogenen Pyramiden, die an den Unterseiten miteinander verbunden sind. Vereinzelt treten sehr große Kristalle mit einem Gewicht von bis zu 7,25 kg auf. Die Farbnuancen des Zirkon reichen von rot, braun, gelb und grün bis hin zu grau. Man schätzt ihn aufgrund seines stark reflektierenden Diamantglanzes, die dem des Diamanten sehr nahe kommt. Transparente Zirkone wurden wegen ihres Glanzes häufig als Diamanten ausgegeben. Das ist jedoch bedauerlich, da der Zirkon durchaus ein Edelstein von großer Schönheit ist. Trotz seiner großen Härte ist er sehr spröde, daher muss er vorsich-

Eigenschaften: Topas

Härte	über 7
Dichte	überdurchschnittlich
Spaltbarkeit	vollkommen
Bruch	uneben
Glanz	Glasglanz
Chemische Zusammensetzung	
	Silikat aus Aluminium mit Fluor und Wasser

Zirkonkiesel

Einst glaubte man, der Zirkon bringe seinem Träger Weisheit und Reichtum, doch Gefahr drohe ihm, sobald der Stein seinen Glanz verliere. Und tatsächlich können grüne Zirkone ihren Glanz einbüßen, da sie oft Spuren von radioaktivem Uran und Thorium enthalten, die bei ihrem Zerfall die Kristallstruktur langsam zerstören.

tig behandelt und in Watte verpackt gelagert werden. Zirkon entsteht in Erstarrungsgesteinen wie Syenit und Granit. Aufgrund seiner großen Härte sammelt er sich in Flusskieseln an. In Australien findet man ihn an Sandstränden.

Eigenschaften: Zirkon

Härte	7,5
Dichte	überdurchschnittlich
Spaltbarkeit	gering
Bruch	uneben bis muschelig
Glanz	Glas-, Diamant- oder Fettglanz
Chemische Zusammensetzung	Zirkoniumsilikat

Der blaue Stein ist ein geschliffener Topas. Der große farblose Rohedelstein sowie die braunen Splitter, die aus Thailand stammen, sind Zirkone.

Zirkon

Gesteinsmassive wie dieser Quarz aus Norwegen sind Lagerstätten vieler Zirkone. Die Zirkone sind die kleinen rötlichen Kristalle. Ihr Name kommt von dem arabischen Wort ‚zargun', was wiederum seinen Ursprung in der altpersischen Bezeichnung für Goldfarbe hat.

Eigenschaften: Jade

Härte	weniger als 7
Dichte	durchschnittlich
Spaltbarkeit	gut
Bruch	splittrig
Glanz	Glas- oder Fettglanz
Chemische Zusammensetzung	Silikate aus Natrium, Kalzium, Aluminium und Eisen

Jade

Jade ist ein grünlicher Stein, der schon seit Tausenden von Jahren für das Schnitzen von Ziergegenständen verwendet wird. Einige chinesische Exponate stammen aus der Zeit um 1500 v. Chr. Im Jahre 1863 entdeckte der französische Naturwissenschaftler Damour, dass zwei verschiedene Mineralien als Jade verwendet wurden: Jadeit und Nephrit. Sie sind sich sehr ähnlich, jedoch kommt Jadeit gelegentlich in orangefarbenen und grünen Farbschattierungen vor. Keines der Minerale besitzt einen hohen Härtegrad, doch beide sind sehr zäh aufgrund ihrer wirrfaserigen Zusammensetzung, die ähnlich ist wie die moderner synthetischer Materialien. Aufgrund dieser Festigkeit lassen sich aus Jade detailreiche Formen schnitzen. Auch für die Herstellung von Werkzeugen und Waffen wurde er verwendet. Versuchen Sie für Ihre Sammlung je ein Exemplar von Jadeit und Nephrit zu bekommen. Jade-Minerale kommen in metamorphen Gesteine vor; schöne Exemplare findet man im Geröll und Kies von Flüssen. Einige Ziergegenstände aus Jade weisen außen eine bräunliche Schicht auf, die durch Flusswasser entsteht.

Lapislazuli

Dieser attraktive Edelstein von blauer Farbe besteht hauptsächlich aus dem Mineral Lasurit. Außerdem enthält er meist Einschlüsse von goldenem Pyrit und weißem Calcit. Diese verleihen Schmuck und Schnitzereien eine gesprenkelte Optik. Manchmal findet man würfelförmige Kristalle, gewöhnlich kommt Lasurit jedoch in Massen vor. In Marmor ist Lasurit häufig anzutreffen, da sich das Mineral wäh-

Lapislazuli

Diese prächtige Lapislazuli-Masse besitzt in der Mitte Einschlüsse von Pyrit. Beide Minerale treten gewöhnlich zusammen auf. Der Pyrit verleiht Lapislazuli-Schmuck einen goldkörnigen Effekt. Lapislazuli wird bereits in dem alten sumerischen Gilgamesch-Epos erwähnt. Im Grab von Tut-ench-Amun fand man ebenfalls wundervolle Schmuckstücke aus Lapislazuli.

Jadeit

Jade ist normalerweise grün, Jadeit kommt jedoch auch in gelben bis violetten Farbnuancen vor. Spanische Konquistadoren trugen nach der Eroberung von Südamerika Jadeit-Amulette. Sie glaubten, dieser Stein könne Erkrankungen der Hüfte und der Nieren heilen und nannten ihn daher ‚piedra der hijada' (Lendenstein) und ‚piedra de rinones' (Nierenstein).

Eigenschaften: Lapislazuli	
Härte	5 – 5,5
Dichte	durchschnittlich
Spaltbarkeit	gering
Bruch	uneben
Glanz	glanzlos
Chemische Zusammensetzung	komplexes Silikat mit Natrium, Kalzium, Aluminium, Chlor und Schwefel

Lapislazuli und Sodalith.

rend der Metamorphose von Kalkstein bildet. Lapislazuli ist der historischste aller Edelsteine. Schon vor 6000 Jahren wurde er in Sar-e-Sang in Afghanistan abgebaut, was auch heute noch der Hauptfundort für diese Steine ist. Wenn Sie Lapislazuli im Handel sehen, steht auf dem Etikett als Herkunftsland höchstwahrscheinlich Afghanistan. In der Vergangenheit wurde der blaue Farbstoff Aquamarin aus zerstoßenem Lasurit hergestellt, der sehr gefragt war für das Kolorieren von religiösen Handschriften.

Sodalith

Sodalith wird aufgrund seiner intensiven blauen Farbe, die gleichzeitig sein charakteristischstes Merkmal ist, gelegentlich als Schmuckstein verwendet. Überraschenderweise ist sein Strich allerdings farblos. Er kommt normalerweise in formlosen Massen vor, tritt jedoch gelegentlich auch in Form von kleinen, 12-seitigen, würfelartigen Kristallen auf. Man findet ihn in einer Reihe von Gesteinen, vor allem in jenen, die man als Syenite bezeichnet. Diese sehen auf den ersten Blick aus wie Granit, bei genauerer Betrachtung zeigen sich jedoch einige Unterschiede. Besonders dort, wo er einen hohen Sodalith-Gehalt aufweist, hat Syrenit einen bläulichen Farbton. Andere Gesteine, in denen Sodalith vorkommt, sind Kalkstein und vulkanische Laven.

Eigenschaften: Sodalithe	
Härte	5,5 – 6
Dichte	durchschnittlich
Spaltbarkeit	gering
Bruch	uneben bis muschelig
Glanz	Glas- oder Fettglanz
Chemische Zusammensetzung	komplexes Silikat

Metallische Edelsteine

Gold und Silber gehörten von jeher zu den kostbarsten Mineralien. Die Gruppe der metallischen Edelsteine umfasst jedoch noch viele weitere attraktive Mineralien.

Hämatit

Die Farbe des Hämatit ist gewöhnlich rötlich-braun. Gelegentlich stößt man aber auch auf schwarze Exemplare, die man als Schmucksteine schleifen und polieren kann. Die Azteken verwendeten die schwarze Varietät, die man als Specularit bezeichnet, um sie zu polieren und als Spiegel zu benutzen. Sobald ein rötliches oder schwarzes Mineral als Strichfarbe ein rotes Pulver aufweist, handelt es sich dabei mit großer Wahrscheinlichkeit um einen Hämatit. Dieses Mineral tritt in charakteristisch geformten gerundeten bzw. nierigtraubigen Massen auf, die man auch als Glaskopf bezeichnet. Außerdem kommt Hämatit in Form von sechsseitigen Kristallen vor, die rosenförmige Massen bilden können. Diese bezeichnet man auch als „Eisenrosen".

Hämatite werden in vielen Gesteinsarten gebildet. Die typischsten Vorkommen sind Sedimentgesteine und Mineralgänge. Große Hämatit-Massen – aus denen Eisen gewonnen wird – entstehen, wenn stark eisenhaltige Flüssigkeiten durch andere Gesteine sickern. Eisenoxid ersetzt dabei dieses Gestein Molekül für Molekül. Vor allem Kalkstein wird

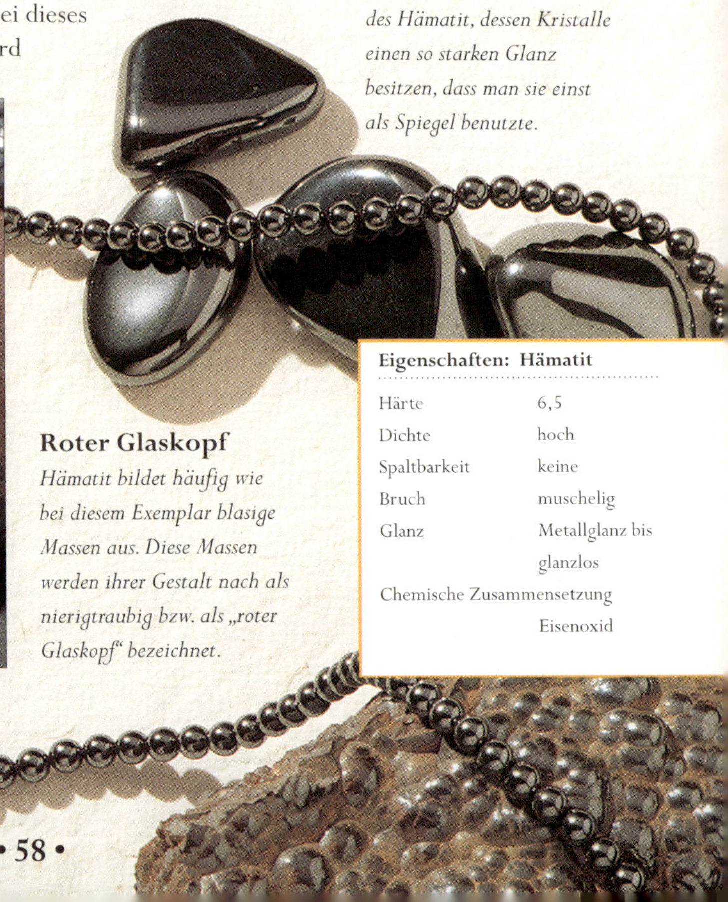

Specularit

Specularit ist eine Varietät des Hämatit, dessen Kristalle einen so starken Glanz besitzen, dass man sie einst als Spiegel benutzte.

Roter Glaskopf

Hämatit bildet häufig wie bei diesem Exemplar blasige Massen aus. Diese Massen werden ihrer Gestalt nach als nierigtraubig bzw. als „roter Glaskopf" bezeichnet.

Eigenschaften: Hämatit	
Härte	6,5
Dichte	hoch
Spaltbarkeit	keine
Bruch	muschelig
Glanz	Metallglanz bis glanzlos
Chemische Zusammensetzung	Eisenoxid

Eigenschaften: Spinell

Härte	8
Dichte	durchschnittlich
Spaltbarkeit	gering
Bruch	muschelig
Glanz	Glasglanz
Chemische Zusammensetzung	Magnesium-Aluminium-Oxid

häufig auf diese Art und Weise ausgetauscht. Man stößt gelegentlich sogar auf Fossilien, die einst aus Calcit bestanden und sich später in Hämatit „verwandelt" haben.

Spinell

Dieses Mineral tritt in zahlreichen verschiedenen Farben auf – die Palette reicht von rot über grün, blau und braun bis hin zu schwarz. Unabhängig von der Farbe ist der Strich jedoch immer weiß. Spinell bildet kleine achtseitige Kristalle mit Dreiecksflächen. Diese Kristallform bezeichnet man als Oktaeder. Gelegentlich weisen die Kristalle eingeschlossene Rutilnadeln auf. Werden solche Spinelle geschliffen und poliert, ergeben sich sternförmige Effekte. Das Mineral kommt in verschiedenen Gesteinsarten vor, wie zum Beispiel Marmor, Serpentinit und Gneis. Spinell tritt in einigen Teilen der Welt sehr häufig in Flusskies auf. Dazu gehören Burma, Sri Lanka und Brasilien. Hier wurden durch Erosion einzelne Kristalle aus den Gesteinen abgetragen und im Flusskies abgelagert.

Spinell

Der rote Spinell ist dem Rubin so ähnlich, dass er bis ins 19. Jahrhundert als Ballasrubin bezeichnet wurde. Einer der berühmtesten ist der „Rubin des Schwarzen Prinzen" in der englischen Königskrone. Dieser wurde dem Schwarzen Prinzen im Jahre 1367 von Don Pedro, dem König von Kastilien, für seinen Beitrag zum Sieg in der Schlacht von Najera überreicht.

Nierigtraubige Hämatit-Masse oder „Nierenerz", polierte Hämatit-Steine sowie eine Kette aus Hämatiten.

Malachit

Gesteine sind nicht immer das, was sie auf den ersten Blick zu sein scheinen. Malachit ist ein unverwechselbares Grün. Aber die Oberfläche dieser Bläschen ist verblasst und ihr wahres Grün tritt nur dort zutage, wo das Mineral zerbrochen ist.

Malachit

Malachit ist bekannt für seine intensiv grüne Farbe und bildet häufig Schichten aus, die beim Schleifen und Polieren der Steine abwechselnd blassgrün und dunkelgrün sichtbar werden. Die Strichfarbe ist ebenfalls grün. Malachit kommt in Form von nierigtraubigen Bildungen oder mit schaligem bzw. fasrigem Aufbau vor. Kristalle sind eher selten. Die nierigen Aggregate sind recht verbreitet, obwohl man in der Regel nur auf kleinere Exemplare trifft. Das Mineral tritt in dünnen grünen Adern und Oberflächenschichten bei vielen Gesteinsarten auf. In einigen Regionen der Welt gibt es reichhaltige Vorkommen – dazu gehören Sambia, Zaire und Teile Australiens. Malachit entsteht durch Metamorphose von Kupfer, indem Wasser durch die Untergrundschichten sickert.

Es sollte keine Schwierigkeiten bereiten, Malachit zu finden; die großen nierigen Bildungen sind jedoch nur in Gebieten verbreitet, in denen Kupfer abgebaut wird. Im Edelsteinhandel ist Malachit ständig im Angebot. Das Mineral wird zu Schmuck und Ziergegenständen verarbeitet, da es leicht schnitzbar und die gebänderte Farbstruktur sehr attraktiv ist. Malachit ist sehr weich und daher leicht zu beschädigen. Bewahren Sie deshalb Ihre Proben in Zellstoff oder Watte gut geschützt in kleinen Behältern auf.

Azurit

Dieses Mineral besitzt eine auffallend azurblaue Farbe, der Strich ist von etwas blasserem blau. Gelegentlich findet man kurzsäulige oder tafelige Kristalle, meist tritt Azurit jedoch in Knollen oder Massen auf. Wie Malachit wird Azurit dort gebildet, wo kupferhaltiges Gestein durch einsickerndes Wasser umgewandelt wurde. Beide Minerale treten oft gemeinsam auf, wobei viele Exemplare Mischungen aus beiden darstellen.

Eigenschaften: Malachit

Härte	3,5 – 4
Dichte	über durchschnittlich
Spaltbarkeit	vollkommen
Bruch	uneben bis muschelig
Glanz	Glas- oder Seidenglanz
Chemische Zusammensetzung	Karbonat aus Kupfer mit Wasser

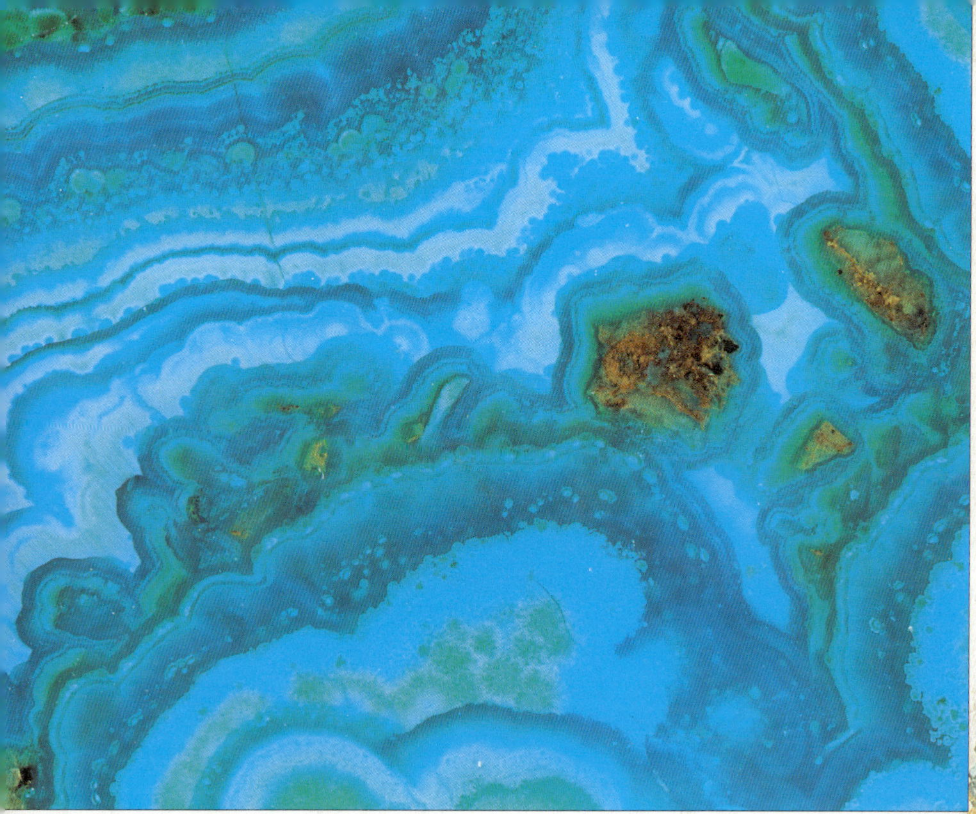

Eigenschaften: Azurit	
Härte	3,5 – 4
Dichte	überdurchschnittlich
Spaltbarkeit	vollkommen
Bruch	muschelig
Glanz	glanzlos oder Glasglanz
Chemische Zusammensetzung	Karbonat aus Kupfer mit Wasser

Azurit
Azurit ist ein wunderbar blaues Mineral, das gewöhnlich zusammen mit Malachit gebildet wird. Im alten China wurde es zu Pulver vermahlen und als tiefblaues Pigment zum Malen verwendet.

Malachit- und Azuritmassen, die zu blauem Farbpulver vermahlen werden.

Malachit und Azurit
wurden früher als Kupfererze verwendet. Die Römer trugen Malachit-Amulette, um böse Geister abzuwehren, Azurit ist jedoch zu weich für die Schmuckherstellung.

Eigenschaften: Türkis

Härte	5 – 6
Dichte	durchschnittlich
Spaltbarkeit	gut
Bruch	muschelig
Glanz	Glasglanz oder glanzlos
Chemische Zusammensetzung	ein Phosphat aus Kupfer und Aluminium mit Wasser

Türkis

Seine leuchtend blaue Farbe ist das charakteristischste Merkmal des Türkis. Aufgrund dieser Farbe schätzt man ihn als Edelstein. Sie wird durch das im Gefüge des Minerals enthaltene Kupfer erzeugt. Türkiskristalle sind sehr selten. Verbreitet sind Körner, unregelmäßige Massen oder dünne Adern, die sich durch Gesteine ziehen. Viele Türkis-Schnitzereien haben ein gesprenkeltes Muster, da Türkis in einigen Gesteinen in Verbindung mit verschiedenen Begleitmineralen gebildet wird. Man findet ihn hauptsächlich in Sediment- und Erstarrungsgesteinen und zwar an Stellen, wo Kupferadern auftreten und Wasser mit dem Gestein reagiert hat, um Türkis zu bilden. Die Bezeichnung Türkis kommt aus dem Französischen und bedeutet „Stein aus der Türkei". Die Türkei war ein in der Vergangenheit geläufiger Fundort für dieses Mineral. Heute kommt Türkis jedoch hauptsächlich aus dem Iran, wo man ihn seit mehr als 5000 Jahren schätzt.

Türkis

Dieses Türkis-Bruchstück wurde auf der Abraumhalde einer alten Zinnmine gefunden. Dem Türkis maß man einst die Fähigkeit bei, durch eine leichte Farbänderung den Träger vor Gefahr oder Krankheit zu warnen.

Türkismaske

Blaue Steine wie Türkis oder Lapislazuli wurden im alten Ägypten hoch geschätzt. Dieser Skarabäus-Schmuck wurde aus Türkis hergestellt.

Türkissteine und -perlen aus amerikanischen Lagerstätten.

Eigenschaften: Spodumen	
Härte	6,5 – 7,5
Dichte	durchschnittlich
Spaltbarkeit	vollkommen
Bruch	uneben
Glanz	Glasglanz
Chemische Zusammensetzung	ein Silikat aus Lithium und Aluminium

Spodumen

Die Edelstein-Varietäten des Spodumen sind der fliederfarbene Kunzit und der smaragdgrüne Hiddenit. Kunzit schätzt man vor allem wegen seiner zarten Farbe und Transparenz. Bei der Strichprobe entsteht ein weißer Abrieb auf der Strichplatte. Häufig tritt das Mineral in Form von großen, gut ausgebildeten Kristallen auf. Aus einem einzigen dieser Kristalle lassen sich zahlreiche Schmucksteine schleifen, allerdings muss man dabei sehr vorsichtig vorgehen, da Kunzit sehr leicht spaltbar ist. Spodumen kommt in verschiedenen Gesteinen vor, vor allem in Granit und Pegmatit. Viele der größten Kristalle stammen aus eben diesen Gesteinsarten in Kalifornien, Brasilien und Afghanistan. Sollte es nicht gelingen, kleine Kunzitkristalle in Granit zu finden, bekommt man sie problemlos im Handel zu kaufen.

Kunzit-Spodumen

Kunzit ist eine der Halbedelstein-Varietäten des Minerals Spodumen. Seine rosa Farbe wird durch Spuren des Minerals Mangan hervorgerufen. Vereinzelt lässt mit der Zeit die Farbe nach, sie lässt sich jedoch durch Bestrahlung wieder intensivieren.

Gold

Gold wird manchmal mit Pyrit (Katzengold) verwechselt. Allerdings besitzt Gold eine wesentlich intensivere goldgelbe Farbe und ist um einiges weicher als Pyrit. Die Strichfarbe ist goldgelb, während Pyrit einen grünlich-schwarzen Strich hinterlässt. Gold läuft in der Regel nicht an und verändert sich nicht durch Witterungseinflüsse.

Gold ist eines der wenigen reinen Elemente, die in der Natur vorkommen. Es bildet würfelförmige Kristalle aus, die jedoch sehr selten und deshalb ausschließlich in Museen zu bewundern sind. Wenn man Glück hat und in bekannten Goldlagerstätten aufmerksam sucht, findet man auf Quarzkörnern in Mineralgängen kleine glitzernde Goldschüppchen. Diese sind jedoch oft so winzig, dass man eine Vielzahl von Quarzen mit der Lupe untersuchen muss, um das kleinste Schüppchen zu entdecken. Diese Goldvorkommen können zum Teil industriell extrahiert werden, indem das Gestein zerkleinert und die Bruchstücke anschließend mit Hilfe von Quecksilber oder Cyanid herausgelöst werden.

Außer in Mineralgängen kommt Gold auch in Sandstein und Kieskonglomeraten vor, wohin es durch Auswaschung gelangt, nachdem das Ursprungsgestein durch Verwitterung zerstört wurde. Da Gold eines der dichtesten Minerale ist, lagert es sich im Sand oder Kies von Bächen ab und bildet Goldklumpen, so genannte Nuggets. Diese lassen sich dann durch Auswaschen (siehe Seite 19) gewinnen. In manchen Regionen wird Goldwaschen heute als Touristenattraktion angeboten.

Seit mehr als 5000 Jahren dient Gold als Maß des Reichtums. Im alten Ägypten entwickelte man die Fähigkeit Gold zu bearbeiten und verwendete es für religiöse Ziergegenstände. Im 19. Jahrhundert wurden die Menschen in den USA und in Australien vom Goldrausch gepackt. Sie zogen in Scharen an Orte, an denen zuvor zufällig Gold entdeckt wurde, um dort ihr Glück zu versuchen. 1848 strömten zehntausende Goldsucher nach Kalifornien. Gold wird in der Regel für die Schmuckherstellung verwendet und dabei oft mit anderen Metallen gemischt, um das Material haltbarer zu machen. In der Vergangenheit wurden riesige Gegenstände aus Gold gefertigt – der berühmte goldene Buddha von Bangkok beispielsweise wiegt 5,5 Tonnen und ist mehr als 50 Millionen Dollar wert.

Goldwaschen

Diese winzigen Goldkörner bleiben in der Pfanne eines Goldsuchers zurück, der am Quillabamba-Fluss in Peru nach Gold sucht. Manchmal fördert man dabei auch Nuggets zutage. Der größte reine Goldklumpen mit dem Namen „Welcome Stranger" wog knapp 71 kg und wurde in Moliagul, Victoria, in Australien gefunden.

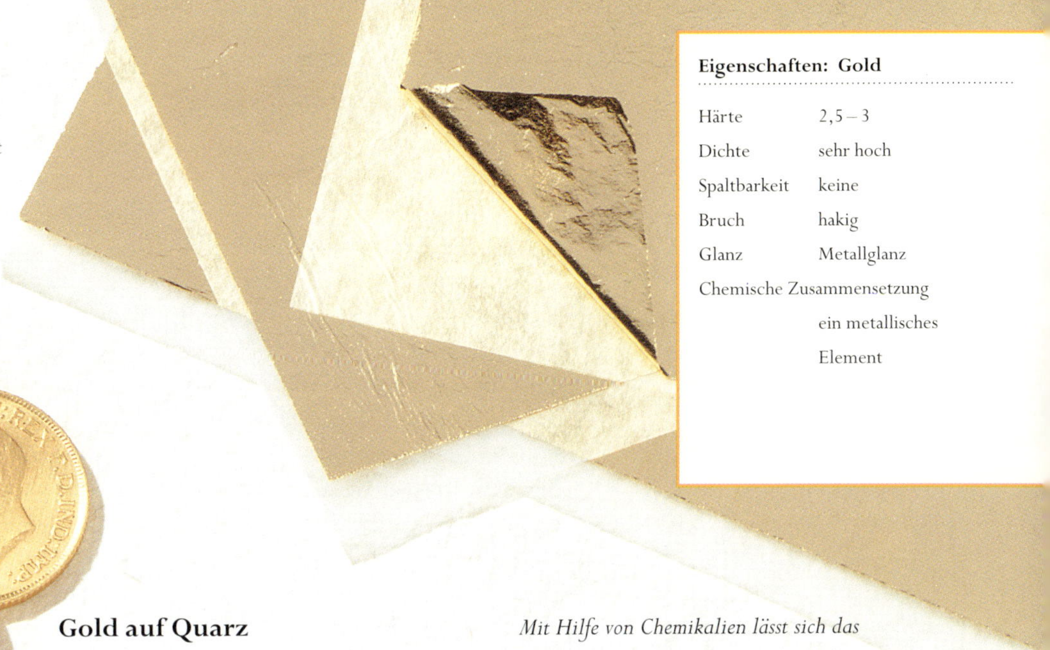

Gold ist sehr weich und lässt sich daher gut zu Schmuck verarbeiten. Häufig wird es jedoch mit Silber oder anderen Metallen gemischt, um es härter zu machen.

Eigenschaften: Gold

Härte	2,5 – 3
Dichte	sehr hoch
Spaltbarkeit	keine
Bruch	hakig
Glanz	Metallglanz
Chemische Zusammensetzung	ein metallisches Element

Gold auf Quarz

Golddrähte wie hier entstehen gelegentlich auf Quarz in Mineralgängen, wo heiße, wässrige Flüssigkeiten in Rissen abkühlen. Noch häufiger bildet Gold fast mikroskopisch kleine Schüppchen, die über das Muttergestein verstreut sind. Mit Hilfe von Chemikalien lässt sich das Gold aus solchen Gesteinen industriell extrahieren – oder das Gestein wird durch Verwitterung zerstört, und die Goldkörner werden in Flüsse ausgewaschen, wo sie sich als „Seifen“ ablagern.

Silber

Exemplare wie dieses findet man oft auf den Abfallhalden alter Minen, vor allem von Bleiminen. Allerdings sind sie nicht immer leicht zu finden, da Silber sehr leicht beschlägt und dadurch schwarz und stumpf aussieht. Versuchen Sie die Oberfläche mit einem Messer einzuritzen, um das Silber zum Vorschein zu bringen.

Silber

Dieses Edelmetall tritt in kleinen, würfelförmigen Kristallen auf, häufiger jedoch als Klümpchen (Nuggets) oder drahtförmig. Silber wird in Adern zusammen mit anderen Mineralien gebildet und häufig durch das Zerkleinern und Aufbereiten von Galenit (Bleiglanz), einem Bleierz, gewonnen. Silber kommt auch in Verbindung mit Kupfermineralien, zum Beispiel Chalkopyrit, vor. Sobald Silber mit Luft in Berührung kommt, beschlägt es sehr schnell, da mit dem in der Luft enthaltenen Sauerstoff eine schwarze Silberoxid-Schicht gebildet wird. Aufgrund dieser Erscheinung und wegen seiner geringen Härte wird Silber für Schmuck, Ziergegenstände und Tafelsilber meist mit anderen Metallen gemischt oder legiert.
So ist Elektrum beispielsweise eine Mischung aus Silber und Gold. Die Legierung Sterlingsilber besteht zu 92,5 % aus Silber und zu 7,5 % aus Kupfer. Britanniasilber enthält 95 % Silber. Silber lässt sich sehr leicht biegen und bearbeiten, so dass es bereits seit der Antike für die Herstellung von Schmuck und vielen anderen Gegenständen verwendet wird. Die ältesten bekannten Minen waren die der Hethiter aus Kappadokien im Osten Anatoliens. Sie entstanden vor mehr als 5000 Jahren. Galenit wird bereits seit dem Jahre 2000 v. Chr. zur Gewinnung von Silber genutzt. Im Mittelalter besaß Silber einen höheren Wert als Gold und wurde für die Herstellung von Münzen verwendet. Zu dieser Zeit waren die Silbererz-Minen rund um Saint Marie im Elsass sehr bekannt. Heute ist der größte Produzent die Guanajaro-Mine in Mexiko, wo man seit 500 Jahren ununterbrochen Silber abbaut.
Silber wird auch für die lichtempfindliche Substanz verwendet, die die Grundlage für fotografische Filme und Abzüge bildet. Die Fotoindustrie ist heute der weltweit größte Abnehmer von Silber. Es spielt auch in der Elektronikindustrie eine immer wichtigere Rolle, da es der beste natürliche Leiter sowohl für Wärme als auch für Elektrizität ist.

Eigenschaften: Silber	
Härte	2,5 – 3
Dichte	sehr hoch
Spaltbarkeit	keine
Bruch	hakig
Glanz	Metallglanz
Chemische Zusammensetzung	ein metallisches Element

Silber lässt sich leicht biegen und verformen. So lassen sich daraus verschiedene attraktive Schmuck- und Ziergegenstände herstellen.

Silberdraht

Silber ist wie Gold und einige andere Metalle eines der wenigen Elemente, die natürlich in reiner Form vorkommen, d. h. als „gediegene Elemente“. Häufig treten diese metallischen gediegenen Elemente wie hier als verzweigte oder drahtige Massen auf. Dabei bildet glänzendes Silber „Drähte“ auf dem Quarz aus. Manche Wachstumsformen von Silber sehen ähnlich wie Baumwurzeln aus.

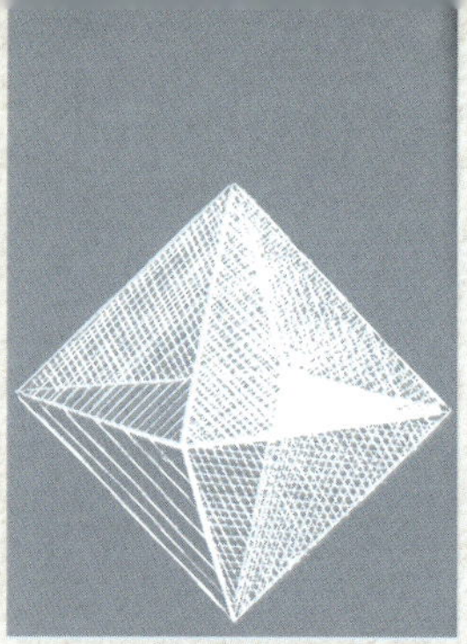

Kostbare Edelsteine

Kostbare Edelsteine sind solche Steine, die besonders schön, von besonderer Härte und besonders selten sind. Es gibt nur eine Handvoll Edelsteine, die in diese Kategorie gehören: Diamant, Smaragd, Rubin und Saphir. Große, gut ausgebildete Exemplare dieser Edelsteine sind ein Vermögen wert.

Rohdiamant

Diamant

Der Diamant ist das härteste Mineral, das auf der Erde vorkommt. Sein Name ist von dem griechischen Wort *adamas* abgeleitet, was soviel bedeutet wie „unbezwingbar". Er gehört gleichzeitig zu den kostbarsten aller Edelsteine und wird für sein brillantes Feuer gepriesen. Diamanten kommen in folgenden Farbnuancen vor: weiß, farblos, grau und gelb. Ihre Strichfarbe ist jedoch immer weiß. Sie treten als wohlgeformte Kristalle auf, die aus zwei kleinen vierseitigen Pyramiden bestehen, die an den Unterseiten miteinander verbunden sind. Der Diamant besteht aus reinem Kohlenstoff (ebenso wie Graphit in Bleistiften), der jedoch unter extremen Druck- und Temperaturverhältnissen umgewandelt wurde. Die Edelsteine sind vermutlich tief im Erdinneren, unterhalb der kontinentalen Kruste entstanden. Durch Vulkanausbrüche wurden sie an die Erdoberfläche befördert und kommen seither in ultrabasischen Erstarrungsgesteinen, die man als Kimberlit bezeichnet (der Name ist von der Region in Südafrika, wo sie beheimatet sind, abgeleitet – siehe Seite 9). Diamanten sind so hart, dass sie die Verwitterung ihres Muttergesteins lange Zeit überdauern. Einige Diamanten sind möglicherweise 3 Milliarden Jahre alt. Sie werden in Sedimente und Flusskies hinein gewaschen, wo man sie auch häufig findet. Bis ins 19. Jahrhundert wurden die weltweit meisten Diamanten aus Flüssen in Indien und Brasilien gewonnen.

Eigenschaften: Diamant

Härte	10
Dichte	hoch
Spaltbarkeit	vollkommen
Bruch	muschelig
Glanz	Diamantglanz
Chemische Zusammensetzung	das Element Kohlenstoff

Großer Diamant

Diamanten werden anhand der „vier C" beurteilt: Cut (Schliff), Clarity (Reinheit), Colour (Farbe) und Carat (Gewicht). Dieser Diamant besitzt 78 Karat, d. h. er wiegt mehr als 15 g. Der größte jemals gefundene Rohdiamant war der Cullinan, der 1905 in der Premier Mine in Transvaal, Südafrika, entdeckt wurde. Er besaß 3106 Karat und wurde im Jahre 1908 zu 9 großen und 96 kleinen Diamanten verarbeitet.

Beryll

Dieses eindrucksvolle Mineral ist bekannt für seine wunderschönen, transparenten, farbigen Kristalle. Sie sind langgezogen und sechsseitig, gelegentlich schließen sie an der Oberseite mit einer Pyramidenform ab. Die Farbnuancen des Beryll reichen von kräftigem Grün (Smaragd) über Blaugrün (Aquamarin) bis hin zu Gelb (Heliodor) und Rosa (Morganit). Die Strichfarbe ist weiß. Die Kristalle weisen häufig längs verlaufende dünne Rillen oder Streifen auf. In Kolumbien hat man bis zu 5,5 m lange Kristalle gefunden. Ein gigantisches Exemplar aus Madagaskar wog 36 Tonnen.

Der Smaragd ist ein grüner Beryll und wurde schon vor 500 Jahren von den Azteken in Mexiko und von den Inkas in Peru abgebaut. Bereits lange vor dieser Zeit verwendeten sowohl die Römer als auch die Griechen Beryll zu Dekorationszwecken. Smaragde wurden in Ägypten schon vor 3500 Jahren abgebaut. Die ältesten ägyptischen Smaragdminen wurden im Jahre 1816 durch den französischen Abenteurer Cailliaud wiederentdeckt. Im Jahre 1900 fand man die Minen der Cleopatra in der Nähe des Roten Meeres. Cleopatra soll ein Porträt von sich besessen haben, das in einen Smaragden graviert war.

Beryll kommt in verschiedenen Gesteinen vor, vor allem in den Erstarrungsgesteinen Granit und Pegmatit. Außerdem tritt er in den metamorphen Gesteinen Schiefer und Gneis auf. Halten Sie Ausschau nach Hohlräumen, die man als Drusen bezeichnet. Diese können neben anderen Kristallen auch Beryll enthalten.

Eigenschaften: Beryll

Härte	7 – 8
Dichte	durchschnittlich
Spaltbarkeit	gering
Bruch	muschelig bis uneben
Glanz	Glasglanz
Chemische Zusammensetzung	Silikat aus Beryllium und Aluminium

Smaragdkristalle

Die schönsten Smaragde, wie dieser in Quarz, kommen aus Südamerika – vor allem aus den Chivor und Muzo Minen in Kolumbien, die zuerst von den Chibcha-Indianern betrieben wurden. Die spanischen Eroberer sahen Chivor-Smaragde bei den Azteken und Inkas, konnten die Mine jedoch erst im Jahre 1537 ausfindig machen. Viele der berühmten „spanischen" Smaragde waren daher die Beute von Plünderungen.

Geschliffene und polierte Berylle, u. a. honigfarbener Heliodor und rosafarbener Morganit.

Korund

Rubin
Die tiefrote Farbe des Rubin wird durch Spuren von Chrom erzeugt. Dieser Rubin wurde zum Cabochon verschliffen.

Korund bildet gewöhnlich kleine Kristalle aus, die aus zwei sechsseitigen Pyramiden bestehen, die an ihren Unterseiten miteinander verbunden sind. Gelegentlich trifft man auch auf körnige oder massige Exemplare. Aufgrund seiner großen Härte verwendet man Korund als Schleifmittel und bezeichnet ihn dann als Schmirgel. Er wird sowohl als „Stein“ als auch in Form von beschichtetem Schmirgelpapier zum Polieren und Schleifen von Metallen und anderen festen Materialien verwendet. Korund kommt in verschiedenen Farben vor. Die rote Varietät schätzt man als Rubin, die blaue bezeichnet man als Saphir. Diese Edelsteine kommen in Erstarrungsgesteinen wie Basalt und Pegmatit vor sowie in metamorphen Gesteinen wie Marmor und Gneis vor. Aufgrund ihrer großen Härte lagern sich Rubin und Saphir in Flusssanden und -kiesen ab. Aus solchen Lagerstätten werden sie seit alters her gewonnen.

Rubinkristalle
Rubine findet man oft in Flusskiesen, wo sie aufgrund ihrer großen Härte überdauern. Sie werden sowohl in Erstarrungs- als auch in metamorphen Gesteinen gebildet. Dieser Rohkristall aus Indien (oben) ist in dem metamorphen Gestein Gneis eingebettet.

Rubin

Auch wenn es Ihnen nicht gelingt, Rubine selbst zu finden, können Sie Gesteinsstücke mit kleinen Rubin-Einsprenglingen im Handel kaufen. Rubin und Saphir werden gelegentlich auch in Form von sehr kleinen, rundgewaschenen Steinen zu erstaunlich niedrigen Preisen angeboten. Seit Hunderten von Jahren kommen die schönste Rubine aus der Region Mogok in Burma, wo hervorragende Edelsteine häufig als Einsprenglinge in Calcit aus metamorph umgewandeltem Marmor auftreten. Ein großer tiefroter Rubinkristall aus dieser Region wurde 1887 dem British Museum in London als Geschenk überreicht. Rubine werden außerdem in Kenia, Simbabwe und Tansania abgebaut.

Eigenschaften: Rubin	
Härte	6,5 – 7,5
Dichte	3,3 – 4,3
Spaltbarkeit	keine
Bruch	muschelig
Glanz	Glasglanz
Chemische Zusammensetzung	Oxid aus Aluminium

Edelsteinwürdiger Korund und Schmirgelpulver, das als Schleifmittel verwendet wird.

Eigenschaften: Saphir

Härte	9
Dichte	überdurchschnittlich
Spaltbarkeit	keine
Bruch	muschelig
Glanz	Glasglanz
Chemische Zusammensetzung	Oxid aus Aluminium

Roher und geschliffener Saphir

Saphir ist die blaue Edelstein-Varietät des Korund. Er kommt wegen seiner Beimengungen von Eisen und Titan in verschiedenen Farbnuancen vor – am wertvollsten sind die tiefblauen Steine. Der beste Saphir ist der kornblumenblaue Kaschmir-Saphir. Die schönsten Saphire aus Thailand und Australien sind dunkelblau. Die Abbildung zeigt einen metallisch-blauen Saphir aus Montana, USA.

Saphir

Saphire findet man häufig in den gleichen Flussablagerungen wie Rubine. Sie kommen zusammen mit Mineralien wie Spinell vor, die ebenfalls in Flusskiesen angereichert werden. Einer der besten Fundorte des intensiv-blauen Saphirs war viele Jahre lang ein abgelegenes Tal in Kaschmir, hoch in den Bergen des Himalaja. Heute ist Australien Hauptlieferant von edelsteinwürdigem Saphir, obwohl auch aus Sri Lanka, Thailand und Kambodscha beträchtliche Mengen kommen.

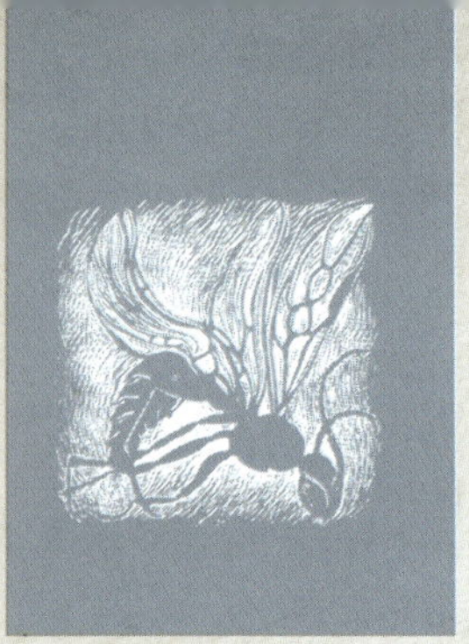

Edelsteine aus der belebten Welt

Organische Edelsteine werden nicht von Mineralien gebildet, sondern durch Lebewesen. Einige sind die fossilen Überreste von Organismen, die vor Millionen von Jahren lebten. Andere werden tagtäglich von lebenden Geschöpfen produziert.

Bernstein

Bernstein ist ein fossiles Harz, das von Kiefern stammt, die vor vielen Millionen Jahren wuchsen. Er ist von honiggelber, brauner, orangebrauner oder sogar schwarzer Farbe. Meist kommt er in gerundeten Formen oder Tröpfchen vor. Durch Reiben entsteht bei Bernsteinen eine minimale negative statische Aufladung, die staubanziehend wirkt.

Obwohl Bernstein in Sedimentgesteinen vorkommt, findet man ihn oftmals in Form von weichen, wachsartig anmutenden Kieseln am Strand. Berühmt für solche Vorkommen sind die Ostseestrände. Bernstein ist so leicht, dass er manchmal über weite Strecken durch das Meer befördert wird. Aus diesem Grund taucht er häufig an Stränden auf, die weit von seinem Entstehungsort entfernt sind.

Bernstein lässt sich leicht schleifen und bearbeiten. Bereits seit der Römerzeit wurde er als Schmuckstein verwendet. Bernsteinschmuck wurde auch in mehr als 10 000 Jahre alten Funden aus der Jungsteinzeit entdeckt.

Gagat (Jett)

Ebenso wie bei Bernstein hängt die Entstehung von Gagat mit uralten Bäumen und Wäldern zusammen. Er wird häufig als eine Art Kohle eingestuft, da er hauptsächlich aus Kohlenstoff besteht und ähnlich wie Kohle aus den verfestigten Überresten von Bäumen entstanden ist. Während Kohle im Zeitalter des Karbon (vor 250 – 290 Millionen Jahren) in Sümpfen gebildet wurde, nimmt man an, dass Gagat aus schwimmenden Baumstämmen entstanden ist, die sich mit Wasser voll sogen und auf den Meeresgrund sanken.

Gagatstücke

Gagat wurde im 19. Jahrhundert häufig für Trauerschmuck verwendet und wird von Mönchen für Rosenkränze benutzt.

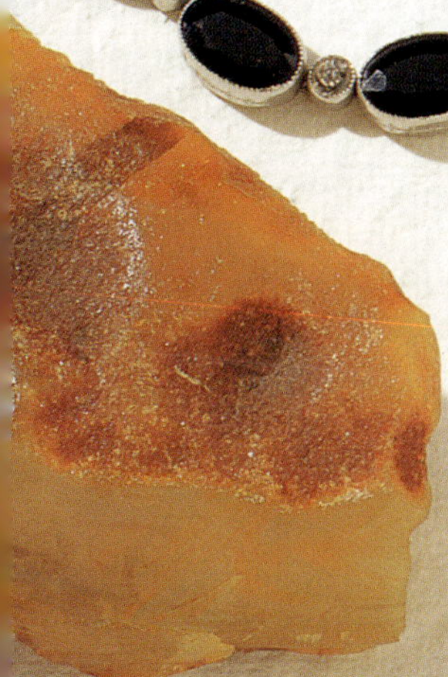

Gagat besitzt einen weniger hohen Kohlenstoffgehalt als die in der Industrie verwendete Stein- oder Anthrazitkohle, man benutzt jedoch gelegentlich Kännel- oder Anthrazitkohle als Ersatz für Gagat.

Um Gagat von Kohle zu unterscheiden, führt man eine Strichprobe durch. Kohle verursacht einen schwarzen Strich, während Gagat ein braunes Pulver hinterlässt. Die Farbvariationen von Gagat bewegen sich zwischen schwarz und braun, allerdings verwendet man in der Regel die schwarze Varietät für die Herstellung von Schmuck. Das Material lässt sich leicht zu zierlichen Formen verarbeiten und durch Polieren erhält es ein hohes Reflexionsvermögen. Gagatvorkommen gibt es in den Vereinigten Staaten, in Russland und in der Türkei.

Bernsteinfliege *(links)*

Bernstein enthält häufig vollständig erhaltene Insektenkörper, die vor Millionen von Jahren im Harz eingeschlossen wurden. In dem Fantasy-Film „Jurrasic Park“ extrahieren Wissenschaftler Saurierblut aus in Bernstein konservierten blutsaugenden Insekten aus dem Saurier-Zeitalter. Aus diesem Blut entnehmen sie DNA, um die Saurier wiedererstehen zu lassen.

Perlen

Perlen werden von zweischaligen Weichtieren wie Austern und Muscheln gebildet. Sie entstehen, wenn das Tier im Inneren der Schale Kalziumkarbonat oder „Perlmutt“ produziert, um darin ein Sandkorn oder einen anderen Fremdkörper einzuschließen. Diese Perlen können aus vielen konzentrischen Schichten bestehen – je länger ihre Bildung dauert, desto größer sind sie.

Perlen werden sowohl von Süßwasser- als auch von Meeresweichtieren erzeugt. Naturperlen gewinnt man seit Tausenden von Jahren aus dem Persischen Golf, dem Golf von Mannar (im Indischen Ozean) sowie dem Roten Meer. Die Mehrzahl wird jedoch an den Küsten und Flüssen in Japan, Polynesien und Australien gezüchtet. Um Zuchtperlen zu produzieren, werden den Weichtieren gezielt Fremdkörper eingesetzt, um auf diese Weise den Bildungsprozess anzuregen. Doch auch synthetisch können Perlen hergestellt werden. Sowohl Süßwasser- als auch künstliche Perlen werden im Edelsteinhandel zu moderaten Preisen angeboten.

Perlen

Perlen wachsen in allen erdenklichen Formen. Hier ließ sich der französische Glasgestalter René Lalique von der ungewöhnlichen Schönheit inspirieren.

Perlmuschel

Perlen werden in solchen Süßwassermuscheln gebildet. Dennoch sollten Sie niemals ein lebendes Schalentier öffnen. Die Wahrscheinlichkeit eine Perle zu finden ist sehr gering und das Tier geht daran zugrunde.

Süßwasserperlen

Süßwasserperlen werden dicht an dicht in Muschelbänken wie dieser in Mississippi, USA, gezüchtet.

Künstliche Edelsteine

Da echte Edelsteine sehr teuer und selten sind, verwendet man als Ersatz bereits seit 6000 Jahren künstliche Steine. Bei synthetisch erzeugten Edelsteinen versucht man die Vorbilder so exakt wie möglich zu kopieren. Die chemischen Inhaltsstoffe werden geschmolzen und unter den erforderlichen Bedingungen zur Kristallisation gebracht. Experten sind heute in der Lage, Diamant, Rubin, Saphir, Smaragd, Opal, Türkis und Spinell künstlich so herzustellen, dass sie dem Original in Form, Farbe und optischen Eigenschaften sehr nahe kommen. Sie sind zwar nicht so teuer wie die echten Steine, jedoch immer noch sehr kostspielig. Preiswerter sind Imitationen aus farbigem Glas. Die Elektronikindustrie verwendet zwei synthetische Steine als Diamant-Ersatz: den so genannten Cubic Zirkonia sowie Yttrium-Granat.

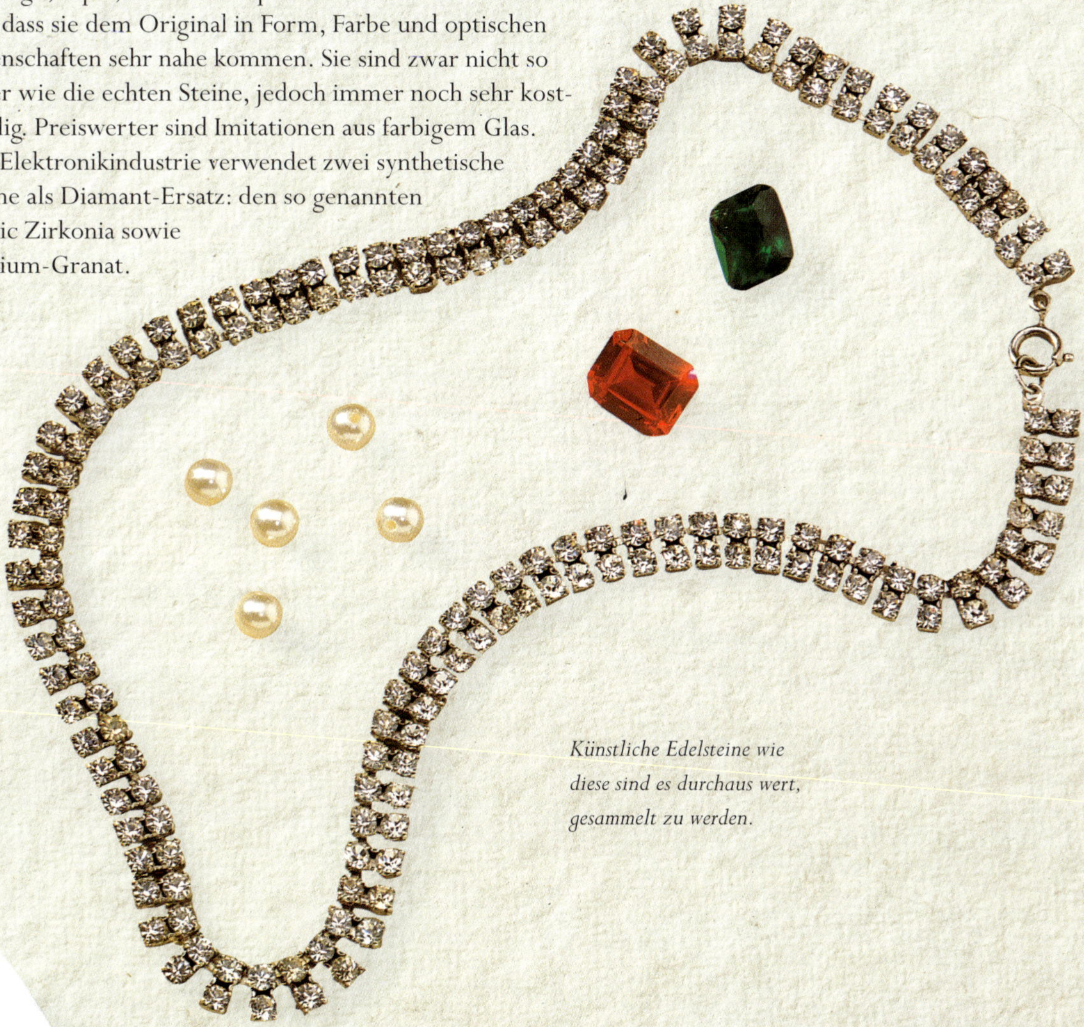

Künstliche Edelsteine wie diese sind es durchaus wert, gesammelt zu werden.

Glossar

Achat: eine Chalcedon-Form (Quarz) mit winzigen, gewöhnlich in farbigen Bändern angeordneten Kristallen.

Amethyst: Eine halbedle Quarz-Abart von violetter Farbe.

Anorthosit: Erstarrungsgestein, das hauptsächlich aus Feldspat besteht. Es wird sehr tief in der Erdkruste gebildet.

Apatit: ein Mineral mit sechsseitigen (hexagonalen) Kristallen, das aus Elementen wie Chlor, Fluor sowie Phosphaten besteht.

Aquamarin: blassblaue Varietät des Beryll.

Azurit: ein tiefblaues Kupfermineral, das oft in Verbindung mit Malachit vorkommt. Wird als Halbedelstein verwendet.

Basalt: ein Erstarrungsgestein von dunkler Farbe. Basalt enthält häufig durch Gasblasen entstandene Hohlräume, in denen Mineralien wie Achat gebildet werden.

Batholith: ausgedehnter Erstarrungsgesteinskörper, häufig Granit, der tief im Erdinneren gebildet wurde.

Bernstein: gehärtetes und konserviertes Baumharz, das als Schmuckstein verwendet wird. Es handelt sich hier nicht um ein Mineral, sondern um ein Fossil.

Beryll: ein Mineral mit sechsseitigen (hexagonalen) Kristallen, das aus Siliziumdioxid, Aluminium und Beryllium besteht.

Calcit: (Kalkspat) ein Mineral mit sechsseitigen (hexagonalen) Kristallen, das aus Kalziumkarbonat besteht.

Carneol: eine rötliche, halbedle Form des Chalcedon.

Chalkopyrit: ein goldgelbes Mineral, das bläulich-bunt anläuft. Es besteht aus Kupfer, Eisen und Schwefel.

Chalcedon: Form des Siliziumdioxid, die aus winzigen Kristallen besteht. Kommt in unregelmäßigen oder nierigtraubigen Massen vor. Eine Chalcedon-Form ist der Achat.

Chrysokoll: leuchtend blau-grünes Mineral, das in Kupferlagerstätten vorkommt.

Delta: Ablagerungen von Sand, Schlamm und anderen Sedimenten an der Mündung eines Flusses.

Diamant: ein Mineral mit kubischen Kristallen, das aus Kohlenstoff besteht. Es ist das härteste bekannte Mineral und besitzt großen Wert als Edelstein.

Dichte: (früher auch als spezifisches Gewicht bezeichnet) Vergleich zwischen dem Gewicht eines Körpers mit dem Gewicht einer entsprechenden Wassermenge. Die meisten Gesteine und Mineralien besitzen eine Dichte, die dem 2,5- bis 3,0-fachen der äquivalenten Wassermenge entspricht.

Dolerit: ein verbreitetes Erstarrungsgestein von dunkler Farbe, das häufig in plattenförmigen Lagergängen (Sills) und Gesteinsgängen vorkommt.

Dolomit: ein Mineral, das aus Kalzium und Magnesiumkarbonat besteht.

Dunit: Erstarrungsgestein, das nahezu ausschließlich aus dem Mineral Olivin besteht. Es wird sehr tief in der Erdkruste gebildet.

Edelstein: wertvoller Stein aufgrund seiner Schönheit, Farbe oder Seltenheit. Die Bezeichnung wird zum Teil nur für geschliffene Steine verwendet.

Erosion: Zerstörung von Gesteinen durch Bewegung, zum Beispiel in Flüssen, Gletschern oder dem Meer.

Erstarrungsgestein: Gestein, das aus Gesteinsschmelze entstanden ist. Magma ist Gesteinsschmelze, die sich im Inneren der Erde befindet; sobald sie an die Erdoberfläche tritt, bezeichnet man sie als Lava.

Feldspat: die verbreitetste Mineralart. Feldspate machen ca. 60 % der Erdkruste aus.

Fluorit: (Flussspat) ein Mineral mit kubischen Kristallen, das aus Kalzium und Fluor besteht.

Gabbro: ein dunkles Erstarrungsgestein, das hauptsächlich aus Feldspat und Augit besteht und tief in der Erdkruste gebildet wird.

Gagat: (Jett) eine Kohleart, die sich leicht zu Schmuck verarbeiten lässt.

Geode: rundliche Gesteinsknolle, die innen einen Hohlraum besitzt, der gewöhnlich mit Kristallen oder Achat ausgekleidet ist.

Gesteine: Mineralaggregate. Gesteine kommen in Form von festen oder lockeren Massen vor.

Gesteinsgang: eine schmale, vertikale Schicht von Erstarrungsgestein, die sich durch die Gesteine der Erdkruste zieht.

Gips: ein Mineral, das aus Kalzium, Schwefel und Wasser besteht und transparente Kristalle ausbildet. Es kommt häufig in Ton vor.

Glimmer: eine Gruppe von Mineralien mit komplexer chemischer Struktur und tafeligen oder blättrigen Kristallen.

Gneis: ein metamorphes Gestein, das sich stark von seiner Ausgangsform unterscheidet. Es besteht aus großen Kristallen und besitzt eine gebänderte Struktur.

Granat: Gruppe von Mineralien mit würfelförmigen Kristallen, die aus komplexen Silikaten verschiedener Metalle bestehen.

Granit: ein verbreitetes Erstarrungsgestein mit großen Kristallen, das tief in der Erdkruste riesige Gesteinskörper ausbildet.

Hämatit: ein Mineral, das aus Eisen und Sauerstoff besteht und ein wichtiges Eisenerz ist.

Halit: (Steinsalz) ein Mineral, das aus Natrium und Chlor besteht. Es lässt sich aufgrund seines salzigen Geschmacks leicht bestimmen.

Hydrothermale Lagerstätten: Mineralien, die aus heißen Lösungen in der Erdkruste gebildet wurden. Die hydrothermalen Lösungen sind möglicherweise die letzten Überreste von Magmen bzw. Reste von Wässern, die tief in der Erdkruste zusammen mit Meeresschlamm oder -sand eingeschlossen wurden.

Isländischer Doppelspat: (optischer Kalkspat) eine transparente Calcit-Form, die Gegenstände beim Hindurchsehen doppelt zeigt.

Jade: Edelstein, der bereits seit Jahrtausenden bekannt ist. Er kann aus den Mineralien Nephrit oder Jadeit bestehen.

Jaspis: eine Quarzvarietät, die aus winzigen Kristallen besteht. Seine Farbe ist meist rötlich.

Kalkstein: ein Sedimentgestein, das hauptsächlich aus Calcit besteht.

Kimberlit: Erstarrungsgestein, das meist in Vulkanschloten vorkommt. Es dient als Muttergestein für viele Mineralien, besonders für Diamanten.

Knolle: nierenförmige Gesteinsmasse, die Kristalle oder Fossilien enthalten kann. Der Durchmesser beträgt gewöhnlich nur wenige Zentimeter.

Korund: ein Mineral, das aus Aluminium und Sauerstoff besteht und die neunte Stufe der Härteskala bildet.

Kristall: ein fester Körper von regelmäßiger Form und Struktur.

Kristallhabitus: die Gestalt eines Kristalls. Diese kann u.a. würfelig, tafelig oder säulig sein.

Kristallsystem: die sechs Hauptgruppen, in die Kristalle nach ihrer Form unterteilt werden.

Kruste: die äußerste Gesteinsschicht der Erde.

Kyanit: blassblaues Mineral, das aus Aluminium und Siliziumdioxid besteht.

Lapislazuli: Mineralaggregat, das hauptsächlich aus den Mineralien Calcit und Lasurit besteht.

Lasurit: tiefblaues Mineral von komplexer Zusammensetzung.

Lava: Gesteinsschmelze, die sich an der Erdoberfläche befindet.

Magma: Gesteinsschmelze, die sich unterhalb der Erdoberfläche befindet.

Malachit: leuchtend grünes Mineral, das aus Kupfer, Kohlenstoff und Sauerstoff besteht.

Mandel(füllung): jegliches Mineral, das eine Lava-Gasblase ausfüllt.

Mantel: die Gesteinsschicht der Erde, die sich zwischen der Kruste und dem äußeren Kern befindet.

Marmor: ein metamorphes Gestein, das durch Umwandlung infolge von Hitze- oder Druckeinwirkung aus Kalkstein entstanden ist.

Metamorphose: die Verwandlung von Gesteinen durch Einwirkung von Druck und/oder Hitze.

Mineral: ein natürlich entstandenes, nichtbiologisches Element oder eine Verbindung von Elementen. Minerale besitzen eine eindeutige physikalische und chemische Struktur.

Mohssche Härteskala: eine Skala, die zur Bestimmung des Härtegrades von Mineralien verwendet wird. Sie besitzt zehn Stufen, die jedoch nicht exakt den gleichen Abstand aufweisen.

Mondstein: blasse Form des Feldspat, wird als Schmuckstein verwendet.

Muskovit: blasse Glimmer-Varietät.

nierenförmig: (nierig) rundliche Gestalt eines Minerals, die der einer Niere ähnelt.

Olivin: ein grünes Mineral, das aus Eisen, Magnesium und Siliziumdioxid besteht. Die Edelstein-Varietät bezeichnet man als Peridot.

Onyx: eine Chalcedon-Form mit gebänderter Struktur.

Opal: ein Mineral, das aus Siliziumdioxid und Wasser besteht und breite Anwendung als Schmuckstein findet.

Orthoklas: (Kalifeldspat) Varietät des Feldspat; besteht aus Kalium, Aluminium und Siliziumdioxid.

Pegmatit: Erstarrungsgestein mit sehr großen Kristallen; besteht meist aus Quarz, Feldspat und Glimmer. Pegmatite enthalten gelegentlich sehr seltene Minerale.

Peridot: Edelstein-Varietät des Olivin.

Plagioklas: Varietät des Feldspat; besteht aus Natrium, Kalzium, Aluminium und Siliziumdioxid. Die Anteile von Natrium und Kalzium sind variabel, was zu verschiedenen Plagioklas-Formen führt.

Pyrit: ein Mineral, das aus Eisen und Schwefel besteht. Es ist von gelber Farbe und wird gelegentlich als „Katzengold" bezeichnet.

Pyrop: Varietät des Granat; enthält Eisen und Magnesium.

Quarz: ein Mineral, das aus Silizium und Sauerstoff besteht.

Rutil: ein Mineral, das aus Titan und Sauerstoff besteht und häufig in Form von nadelförmigen Kristall-Einschlüssen in Quarzen vorkommt.

Sandstein: ein Gestein, das aus Sandkörnern, meist Quarz besteht.

Saphir: blaue Edelstein-Varietät des Korund.

Schichtung: die Lagen od. Schichten, in denen sich Sedimentgesteine ablagern.

Schiefer: ein metamorphes Gestein mit wellenförmiger Bänderung und meist einem hohen Glimmer-Anteil.

Selenit: eine transparente Gips-Varietät.

Siliziumdioxid: Verbindung von Silizium und Sauerstoff in folgendem Verhältnis: ein Silizium-Atom und zwei Sauerstoff- Atome.

Smaragd: grüne Beryll-Varietät, die als Edelstein hohe Wertschätzung genießt.

Sodalith: ein blaues Mineral mit komplexer Zusammensetzung.

Spaltbarkeit: die Art und Weise, wie Mineralien brechen, so dass dabei glatte Flächen und Formen entstehen. In diese Formen (Spaltflächen) lässt sich das Mineral immer wieder zerteilen.

Sphalerit: (Zinkblende) ein Mineral, das aus Zink, Eisen und Schwefel besteht.

Spinell: ein Mineral, das aus Magnesium, Aluminium und Sauerstoff besteht.

Strich: die Pulverfarbe eines Minerals.

Syenit: ein Erstarrungsgestein, das aus Feldspat, Quarz, Biotitglimmer und Hornblende besteht. Es wird tief in der Erdkruste gebildet.

Talk: (Talkum) ein Mineral mit komplexer chemischer Struktur. Talk ist das Mineral mit der geringsten Härte in der Mohsschen Härteskala.

Tigerauge: eine gebänderte Quarz-Varietät in gelben und braunen Farben; enthält das Mineral Krokydolith.

Ton: Sedimentgestein, das aus sehr kleinen Partikeln besteht. Wird bei Nässeeinwirkung klebrig.

Topas: ein Mineral mit komplexer chemischer Struktur, das als Schmuckstein verwendet wird.

Turmalin: ein komplexes Silikat-Mineral; einige Varietäten sind Halbedelsteine.

Vanadinit: ein Mineral, das aus Vanadium und Blei besteht.

Verwerfung: Verschiebung von Gesteinen längs eines Bruches. Zwischen den gebrochenen Gesteinen in einer Verwerfungsfläche bilden sich gewöhnlich Mineralien.

Verwitterung: die Zerstörung von Gesteinen unter Abwesenheit von Bewegung. Verwitterung entsteht durch Kräfte wie Frost, Erhitzung und Ausdehnung von Gesteinen sowie die chemische Veränderung durch Regenwasser.

Wulfenit: (Gelbbleierz) ein gelb-braunes Mineral, das aus Blei, Molybdän und Sauerstoff besteht.

Zirkon: ein Mineral, das aus Zirkonium, Silizium und Sauerstoff besteht; wird als Schmuckstein verwendet.

Register

Die kursiv gedruckten Seitenzahlen beziehen sich auf Abbildungen.

A

B

C

D

Quellenangaben

Bildnachweis:

(Abkürzungen: o oben, u unten, m Mitte, r rechts, l links)

Christie's Images 8, 62 u, 71 mr
Vaughan Fleming 1, 6, 7, 27, 28, 35, 42 r, 43 o, 44 u, 54 o, 56, 58 o, 58 ul, 61 o, 64 or, 69 u, 72 ur
Christopher Pellant 9, 11, 13 o, 13 u, 14 l, 14 r, 15, 16, 17, 18 o, 18 u, 20 o, 22 u, 26 u, 30, 33, 36 r, 37, 39, 40 ol, 40 u, 41 r, 42 ul, 44 o, 45 o, 45 r, 45 u, 46, 47, 48, 49, 50 u, 51, 54 u, 59, 60 o, 60 u, 63 r, 65 u, 67, 68 o, 68 u, 70 or, 74 mr
De Beers 21, 23

Danksagung

Besonders bedanken möchten wir uns bei R. Holt and Co. Ltd, Gem Facets Ltd sowie Jon Andrew von Burhouse Ltd für ihre Hilfe, Unterstützung und Großzügigkeit beim Verleih von Edelsteinen und Mineralien für die fotografische Dokumentation. Weiterhin gilt unser Dank folgenden Personen bzw. Einrichtungen für den Verleih von Gegenständen für fotografische Zwecke: dem Shop der Youth Hostel Association in Covent Garden, London für die Ausrüstung und Marcus McCallum für die Edelsteine und Mineralien.